Das Zahlenbuch 3

Arbeitsheft

für

....

von
Erich Ch. Wittmann und Gerhard N. Müller

Unter Beratung von

Albert Berger, Heiden
Jutta Breidert, Köln
Ingrid Buttmi, Freiburg
Dorothee Fauteck, Wildberg
Marion Ganz, Radolfzell
Ursula Görlich, Herrenberg
Christiane Henzler, Bochum
Susanne Meßmer, Tuttlingen-Möhringen
Gertrud Mollenhauer, Mönchengladbach
Ernst Stutzmann-Johannsen, Bühl/Baden
Gertrud Voosen, Köln
Rita Wienecke, Delmenhorst
Rudi Wolff, Rüdesheim/Nahe

programm mathe 2000
von
Prof. Dr. E. Ch. Wittmann
und Prof. Dr. G. Müller

Ernst Klett Grundschulverlag
Leipzig Stuttgart Düsseldorf

Inhaltsverzeichnis

Die Aufgaben am Ende des Arbeitsheftes (ab S. 52) prüfen die Grundfertigkeiten ab, über die am Ende des Schuljahres alle Kinder verfügen sollten.

1 Französische Zahlenmauern.

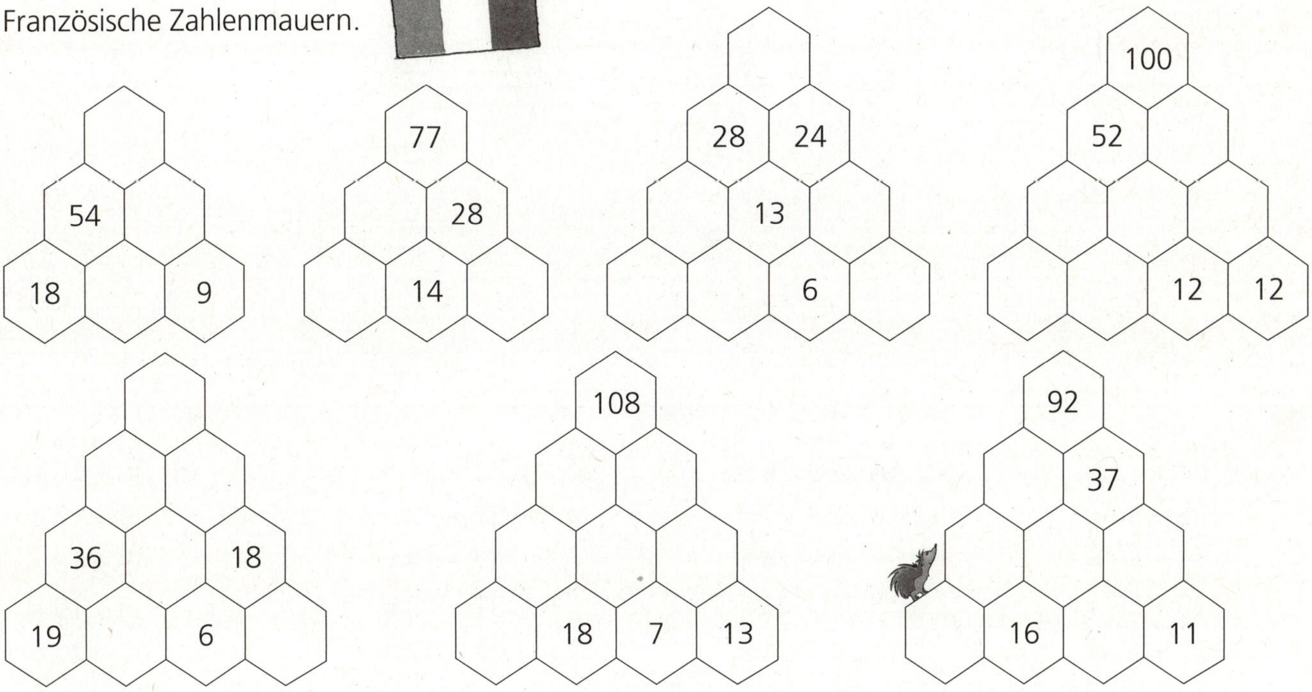

2 Claude hat 65 Euro. Monique hat 17 Euro mehr gespart. Monique hat .... Euro.

3 Türkisches Einmaleins.

a) 10 × 4 = 40   9 × 5 = ...   8 × 6 = ...   7 × 7 = ...

b) 8 × 2 = ...   7 × 3 = ...   6 × 4 = ...   5 × 5 = ...

c) 9 × 3 = ...   8 × 4 = ...   7 × 5 = ...   6 × 6 = ...

d) 7 × 1 = ...   6 × 2 = ...   5 × 3 = ...   4 × 4 = ...

4 Türkische Zahlenraupen.

a)

100	95			
55				

b)

8		24		
80				

c)

0			33	44

d)

1			34	45

1 – 4 Aufgaben zur Wiederholung der Addition und Subtraktion im Hunderter und des Einmaleins.
4 Zahlenraupen rechnen und Regel bestimmen.

Addieren und subtrahieren

1 Schöne Päckchen. Setze fort.

a)	b)	c)	d)
25 + 11 = ...	13 + 20 = ...	73 + 24 = ...	12 + 20 = ...
34 + 12 = ...	24 + 19 = ...	73 + 25 = ...	22 + 30 = ...
43 + 13 = ...	35 + 18 = ...	73 + 26 = ...	32 + 40 = ...
52 + 14 = ...	46 + 17 = ...	73 + 27 = ...	42 + 50 = ...
..... + ... = ...	..... + ... = ...	..... + ... = ...	..... + ... = ...
..... + ... = ...	..... + ... = ...	..... + ... = ...	..... + ... = ...
..... + ... = ...	..... + ... = ...	..... + ... = ...	..... + ... = ...

2 Schöne Päckchen?

a)	b)	c)	d)
67 + 23 = ...	26 + 29 = ...	67 + 21 = ...	28 + 16 = ...
56 + 34 = ...	28 + 27 = ...	57 + 20 = ...	38 + 17 = ...
45 + 45 = ...	30 + 24 = ...	47 + 19 = ...	48 + 18 = ...
35 + 56 = ...	32 + 23 = ...	37 + 18 = ...	58 + 19 = ...
23 + 67 = ...	34 + 21 = ...	27 + 17 = ...	68 + 20 = ...
12 + 78 = ...	36 + 19 = ...	16 + 16 = ...	78 + 21 = ...
1 + 89 = ...	38 + 17 = ...	7 + 15 = ...	88 + 12 = ...

3 Schöne Päckchen. Setze fort.

a)	b)	c)	d)
45 − 30 = ...	37 − 24 = ...	95 − 18 = ...	77 − 8 = ...
46 − 31 = ...	47 − 23 = ...	84 − 17 = ...	70 − 11 = ...
47 − 32 = ...	57 − 22 = ...	73 − 16 = ...	63 − 14 = ...
48 − 33 = ...	67 − 21 = ...	62 − 15 = ...	56 − 17 = ...
..... − ..... = ...	..... − ..... = ...	..... − ..... = ...	..... − ..... = ...
..... − ..... = ...	..... − ..... = ...	..... − ..... = ...	..... − ..... = ...
..... − ..... = ...	..... − ..... = ...	..... − ..... = ...	..... − ..... = ...

4 Schöne Päckchen?

a)	b)	c)	d)
33 − 12 = ...	96 − 34 = ...	56 − 24 = ...	23 − 18 = ...
44 − 23 = ...	85 − 33 = ...	49 − 21 = ...	32 − 16 = ...
55 − 34 = ...	74 − 32 = ...	42 − 18 = ...	39 − 14 = ...
66 − 45 = ...	63 − 31 = ...	35 − 15 = ...	47 − 12 = ...
77 − 55 = ...	52 − 30 = ...	28 − 12 = ...	55 − 10 = ...
88 − 67 = ...	41 − 19 = ...	21 − 9 = ...	63 − 8 = ...
99 − 78 = ...	30 − 28 = ...	7 − 3 = ...	71 − 6 = ...

5 Im Bus fahren 42 Personen. 11 Leute steigen aus. [?]

....

....

....

1 – 4 Schöne Päckchen für Additions- und Subtraktionsaufgaben rechnen.
2, 4 Evtl. Störungen reparieren.
5 Frage stellen und Sachaufgabe beantworten.

1 Wie groß ist der Unterschied? Zeichne einen Rechenstrich.

18 + ... = 35

35 − 18 = ...

2

a)

48			
24			
12			
6			

b)

48			
32			
24			
	8		

c)

91			
48			
	21		
		14	

3

a) inner: 36, 14, ___ ; outer: ...., 62, ...

b) inner: ___, 7, 13 ; outer: ...., 31, ...

c) inner: 28, ___, ___ ; outer: ...., 51, 40

d) inner: ___, ___, 46 ; outer: 90, 102, ...

4

a) 80 − 78 = ...
78 + ... = 80

b) 43 − 37 = ...
37 + ... = 43

c) 61 − 49 = ...
49 + ... = 61

d) 74 − 59 = ...
59 + ... = 74

e) 94 − 89 = ...
89 + ... = 94

f) 66 − 58 = ...
58 + ... = 66

g) 35 − 29 = ...
29 + ... = 35

h) 77 − 68 = ...
68 + ... = 77

5 Noah möchte ein Skateboard für 98 Euro kaufen.
Er hat schon 79 Euro gespart. ?

....

....

....

6 Bei einem Radrennen sind es 117 km vom Start bis zum Ziel. 68 km sind bereits gefahren. ?

....

....

7 Berechne die magische Summe und ergänze die fehlenden Zahlen.

17	24	1	8	15
	5	7	14	
4	6		20	22
10				3
11	18	25		

Magische Summe: ....

1, 4 Unterschied durch Ergänzen berechnen.
2, 3, 7 Übungsformate durch Ergänzen lösen.
5, 6 Fragen zu Sachaufgaben stellen und beantworten.

Einmaleins

1 Kreise die Zahlen ein. Nimm für jede Reihe eine neue Farbe.

a) 3er- und 6er-Reihe

1	2	3	4	5	6	7	8	9	10
11	12	13	14	15	16	17	18	19	20
21	22	23	24	25	26	27	28	29	30
31	32	33	34	35	36	37	38	39	40
41	42	43	44	45	46	47	48	49	50
51	52	53	54	55	56	57	58	59	60
61	62	63	64	65	66	67	68	69	70
71	72	73	74	75	76	77	78	79	80
81	82	83	84	85	86	87	88	89	90
91	92	93	94	95	96	97	98	99	100

b) 4er- und 8er-Reihe

1	2	3	4	5	6	7	8	9	10
11	12	13	14	15	16	17	18	19	20
21	22	23	24	25	26	27	28	29	30
31	32	33	34	35	36	37	38	39	40
41	42	43	44	45	46	47	48	49	50
51	52	53	54	55	56	57	58	59	60
61	62	63	64	65	66	67	68	69	70
71	72	73	74	75	76	77	78	79	80
81	82	83	84	85	86	87	88	89	90
91	92	93	94	95	96	97	98	99	100

c) 5er-, 10er- und 7er-Reihe

1	2	3	4	5	6	7	8	9	10
11	12	13	14	15	16	17	18	19	20
21	22	23	24	25	26	27	28	29	30
31	32	33	34	35	36	37	38	39	40
41	42	43	44	45	46	47	48	49	50
51	52	53	54	55	56	57	58	59	60
61	62	63	64	65	66	67	68	69	70
71	72	73	74	75	76	77	78	79	80
81	82	83	84	85	86	87	88	89	90
91	92	93	94	95	96	97	98	99	100

2 Rechne und kreise die Ergebnisse ein.

1	2	3	4	5	6	7	8	9	10
	12		14	15	16		18		20
21			24	25		27	28		30
	32			35	36				40
	42			45			48	49	50
			54		56				60
		63	64						70
	72								80
81									90
									100

a) 2 · 2 = ...
2 · 7 = ...

2 · 3 = ...
2 · 8 = ...

2 · 4 = ...
2 · 9 = ...

2 · 5 = ...
2 · 10 = ...

b) 5 · 3 = ...
5 · 5 = ...

5 · 4 = ...
5 · 6 = ...

5 · 6 = ...
5 · 8 = ...

5 · 7 = ...
5 · 9 = ...

c) 3 · 2 = ...
3 · 5 = ...

3 · 3 = ...
3 · 6 = ...

3 · 4 = ...
3 · 7 = ...

3 · 5 = ...
3 · 8 = ...

3 Schreibe Malaufgaben.

9 = 3 · 3　　49 = ...　　25 = ...　　64 = ...　　80 = ...
8 = 2 · 4　　48 = ...　　24 = ...　　63 = ...　　81 = ...

4 Rechne und setze das Muster fort.

4 · 1 = ...　　5 · 2 = ...　　6 · 3 = ...　　...... · ...... = ...　　...... · ...... = ...
3 · 2 = ...　　4 · 3 = ...　　5 · 4 = ...　　...... · ...... = ...　　...... · ...... = ...

5

3 Euro

...... Euro

...... Euro

...... Euro

1 Muster von Einmaleinsreihen an der Hundertertafel entdecken.
2 Ergebnisse von je zwei Einmaleinsaufgaben mit Hilfe der Hundertertafel vergleichen und evtl. Muster begründen. **3** Zu Einmaleinszahlen passende Aufgaben finden.
4 Muster erkennen und fortsetzen. **5** Sachaufgaben zum Einmaleins.

zu Schülerbuchseite 14

1 Rechne mit dem Malkreuz.

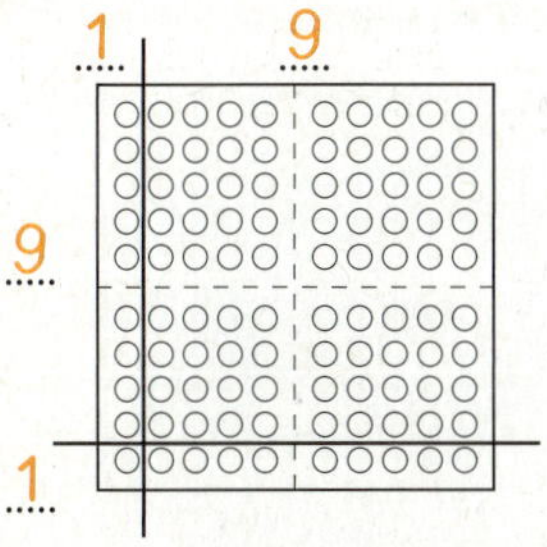

·	1	9
9		
1		

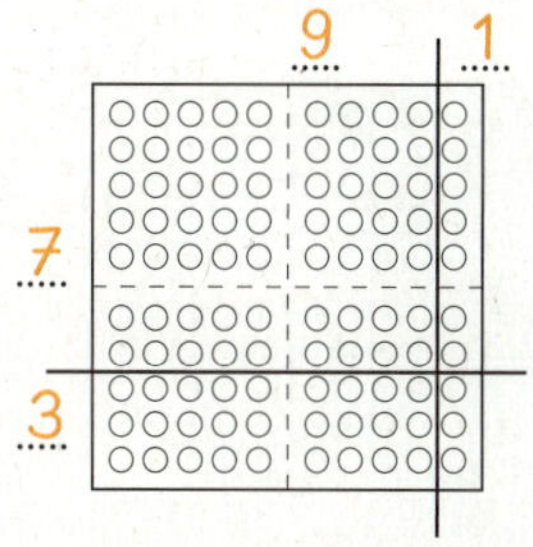

·	9	1
7		
3		

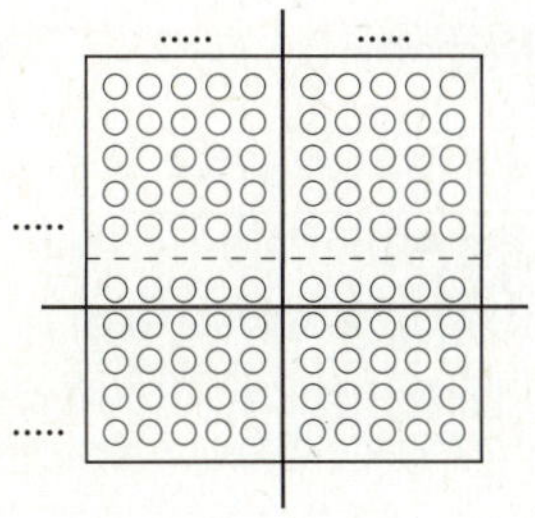

·		

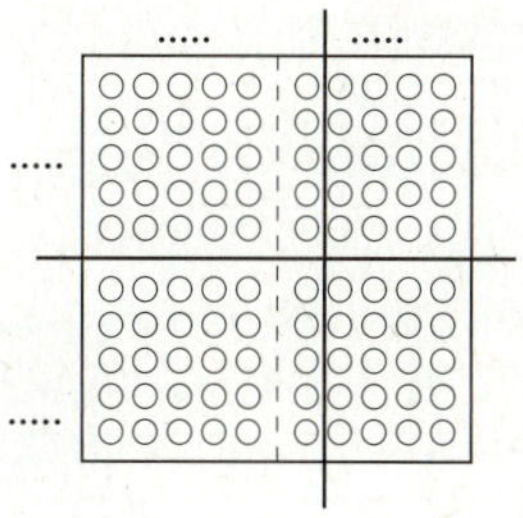

·		

2 Zerlege die große in vier kleine Malaufgaben.

7 · 6 = ...

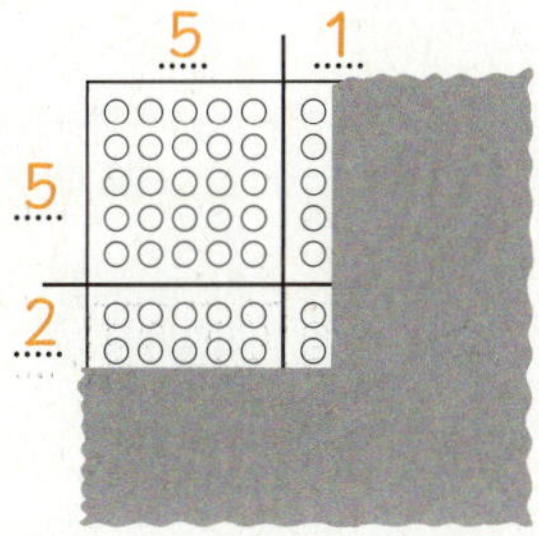

·	5	1
5		
2		

....

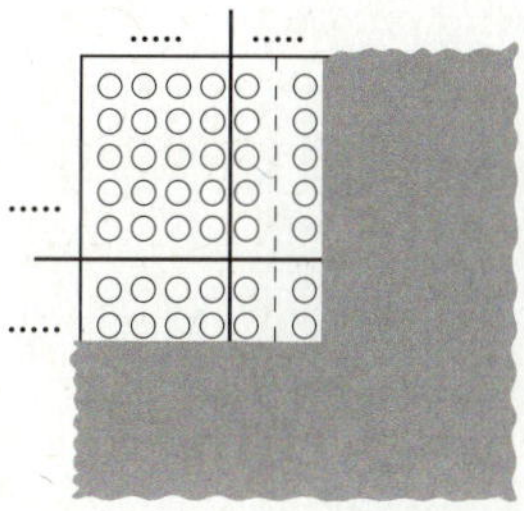

·		

....

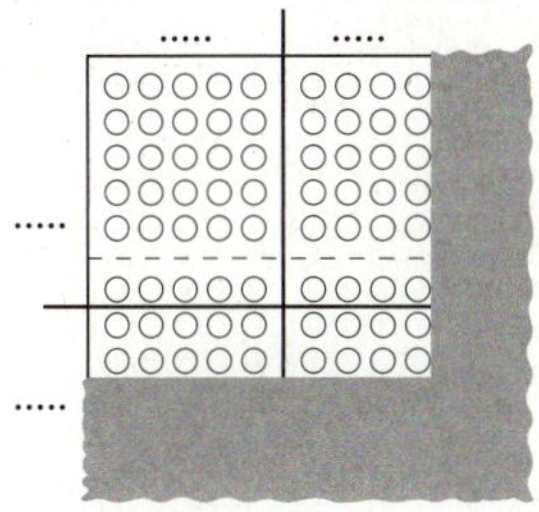

·		

....

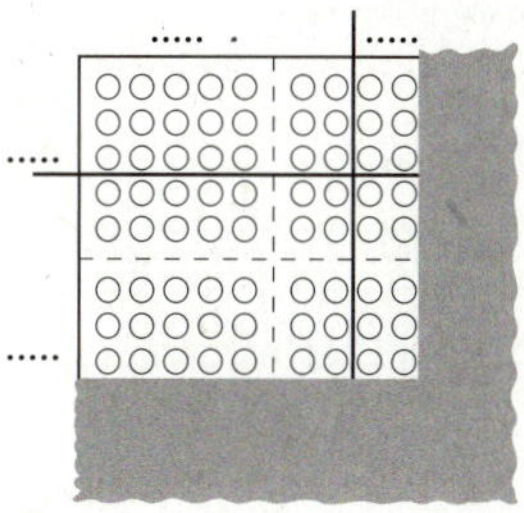

·		

3 Wie viele Beine haben

a) 7 Kühe? .... Beine
b) 8 Hühner? .... Beine
c) 5 Fliegen? .... Beine
d) 6 Spinnen? .... Beine
e) alle zusammen? .... Beine

1 Hunderterfeld zerlegen und Einmaleinsaufgaben mit dem Malkreuz berechnen. Kontrolle besprechen. **2** Große Malaufgaben zerlegen und berechnen (Kontrolle durch Summenbildung). **3** Sachaufgabe lösen.

Flächen auslegen

1 Wie viele Meterquadrate passen hinein?

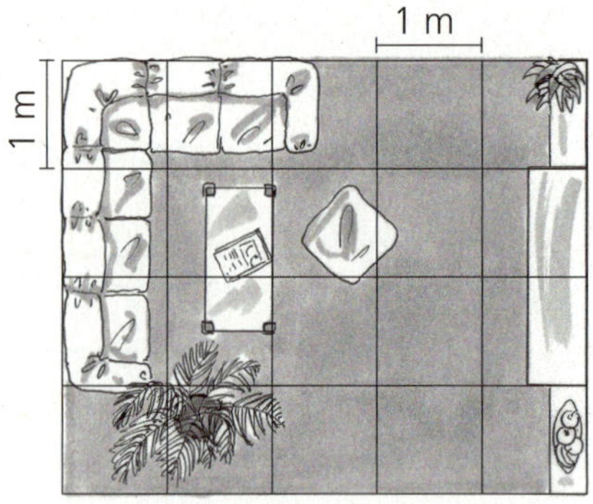

Wohnzimmer: ....

Kinderzimmer: ....

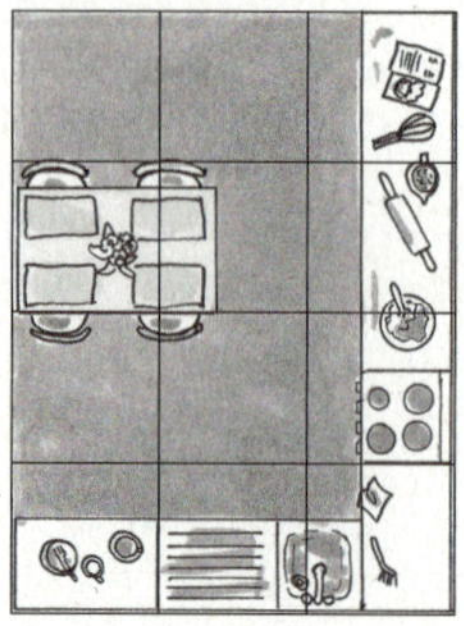

Küche: ....

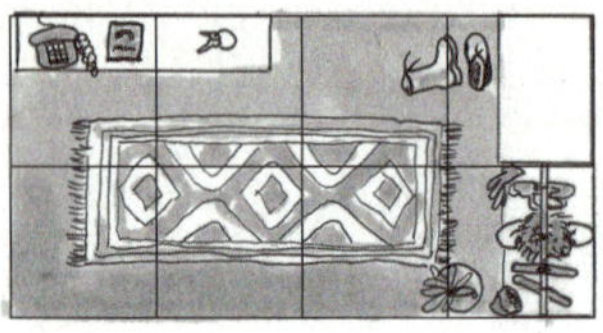

Flur: ....

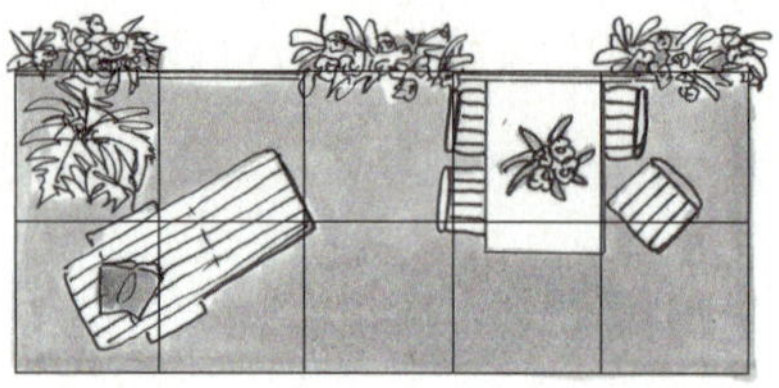

Balkon: ....

Kinderzimmer: ....

2

Blumenbeet: ....

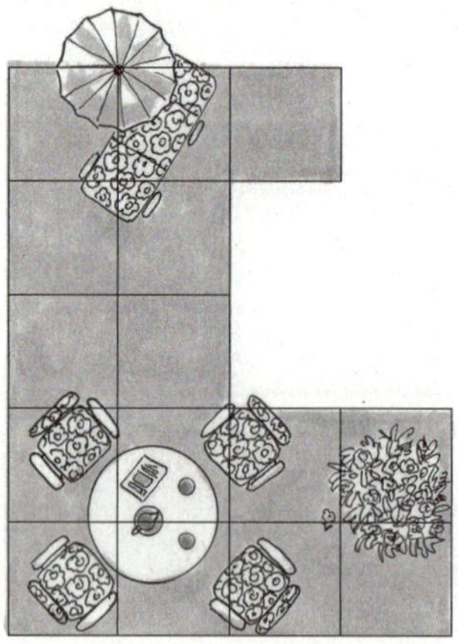

Terrasse: ....

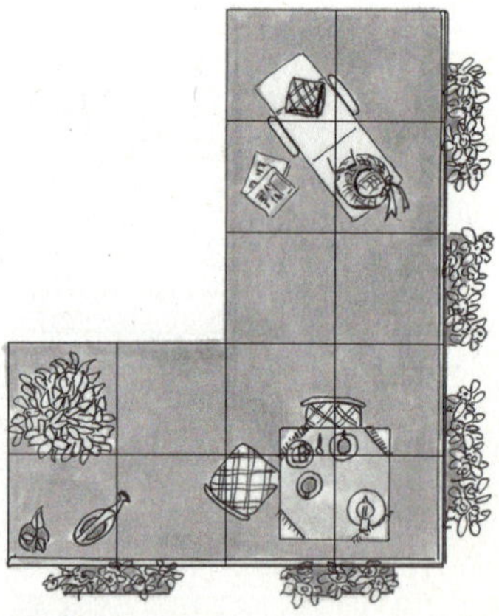

Balkon: ....

3 Schätze die Anzahl der Meterquadrate.

Teich: ....

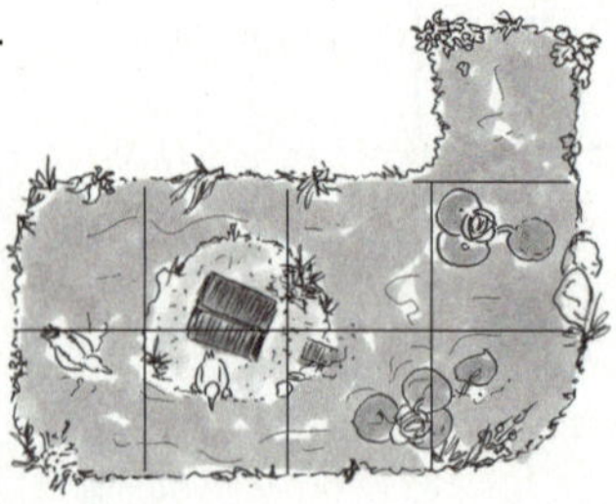

Teich: ....

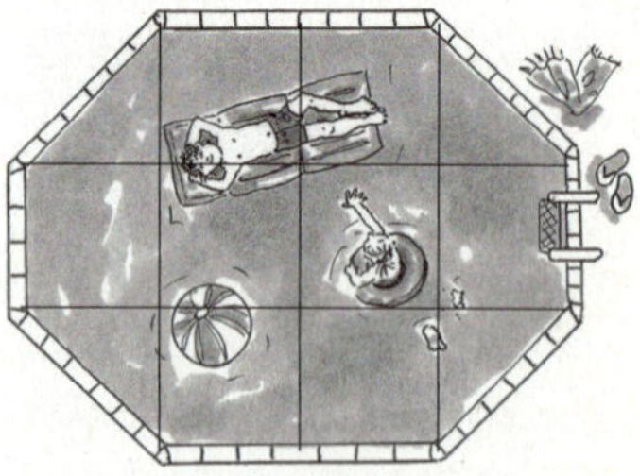

Schwimmbad: ....

4 Ein Klassenraum ist 8 m lang und 6 m breit.
Wie viele Meterquadrate passen hinein?

....

....

1 Rechne immer vier Aufgaben.

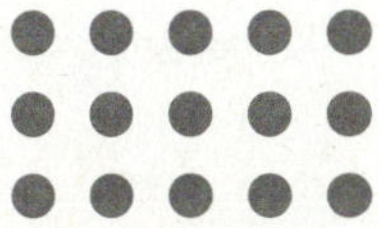

3 · 5 = ...
5 · 3 = ...
15 : 3 = ...
15 : 5 = ...

2 Teile und rechne zur Probe eine Malaufgabe.

a) 8 : 2 = ...
4 · 2 = ...

16 : 4 = ...
4 · 4 = ...

32 : 8 = ...
...... · ...... = ...

b) 12 : 2 = ...
...... · ...... = ...

24 : 4 = ...
...... · ...... = ...

48 : 8 = ...
...... · ...... = ...

c) 21 : 7 = ...
...... · ...... = ...

42 : 7 = ...
...... · ...... = ...

63 : 7 = ...
...... · ...... = ...

d) 9 : 3 = ...
...... · ...... = ...

18 : 6 = ...
...... · ...... = ...

27 : 9 = ...
...... · ...... = ...

e) 27 : 3 = ...
...... · ...... = ...

54 : 6 = ...
...... · ...... = ...

81 : 9 = ...
...... · ...... = ...

3

a) 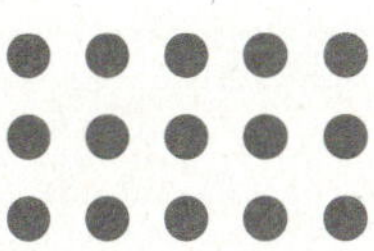

15 : 5 = ...
...... · 5 = 15

b) 

16 : 5 = ... R ......
...... · 5 + ... = 16

c) 

17 : 5 = ... R ......
...... · 5 + ... = 17

d) 

20 : 5 = ...
...... · 5 = 20

4

a) 9 : 8 = ...
18 : 8 = ...
27 : 8 = ...
36 : 8 = ...
45 : 8 = ...

b) 11 : 9 = ...
22 : 9 = ...
33 : 9 = ...
44 : 9 = ...
55 : 9 = ...

c) 36 : 4 = ...
36 : 5 = ...
36 : 6 = ...
36 : 7 = ...
36 : 8 = ...

d) 48 : 6 = ...
48 : 7 = ...
48 : 8 = ...
48 : 9 = ...
48 : 10 = ...

e) 50 : 5 = ...
50 : 6 = ...
50 : 7 = ...
50 : 8 = ...
50 : 9 = ...

5 Wie können 27 Kinder an 5 Sechser-Tischen sitzen?
Zeichne und überlege.

6

10 : 1 = ...
10 : 2 = ...
10 : 3 = ...
10 : 4 = ...
10 : 5 = ...

10 : 6 = ...
10 : 7 = ...
10 : 8 = ...
10 : 9 = ...
10 : 10 = ...

Die Teiler von 10 sind:

1, ...

1 – 3 Multiplikation und Division als Umkehroperationen herausarbeiten und als Probe nutzen.
5 Sachaufgabe mit Hilfe einer Skizze lösen.
6 Teiler von 10 bestimmen.

Verdoppeln und halbieren im Hunderter

1 Verdopple.

a) 30 + 30 = ……
7 + 7 = ……
37 + 37 = ……

b) 20 + 20 = ……
9 + 9 = ……
29 + 29 = ……

c) 40 + 40 = ……
6 + 6 = ……
46 + 46 = ……

d) 10 + 10 = ……
8 + 8 = ……
18 + 18 = ……

2 Halbiere.

a) 80 = …… + ……
8 = …… + ……
88 = …… + ……

b) 70 = …… + ……
8 = …… + ……
78 = …… + ……

c) 60 = …… + ……
8 = …… + ……
68 = …… + ……

d) 50 = …… + ……
8 = …… + ……
58 = …… + ……

3 Rechne und vergleiche die Zahlenmauern.

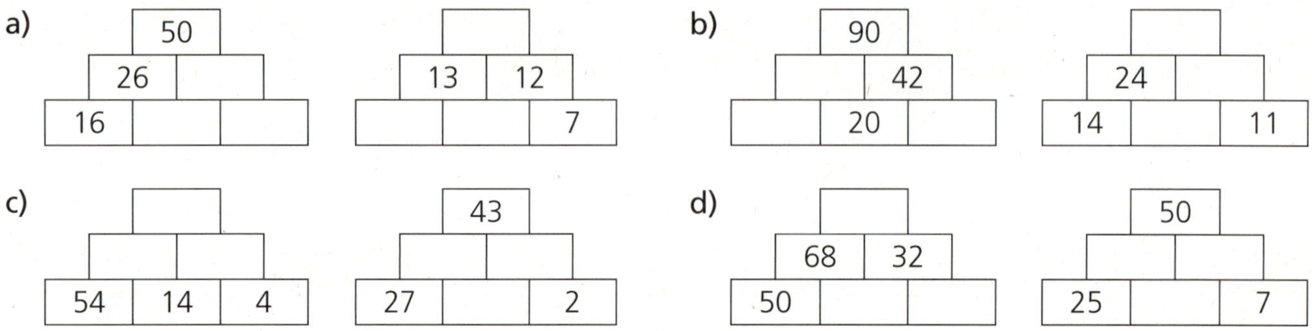

4 Rechne und vergleiche die Rechendreiecke.

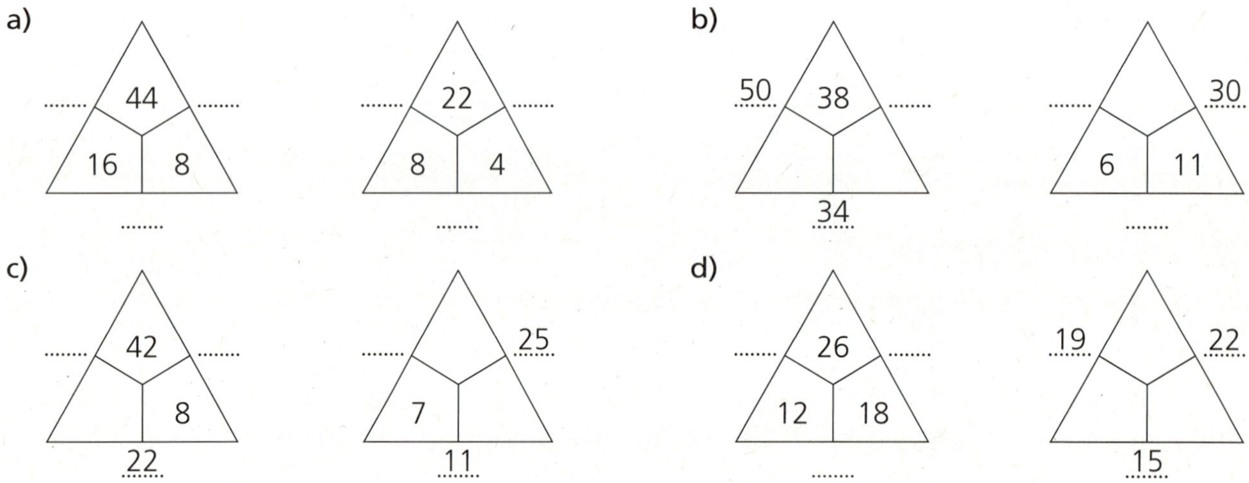

5 a) Ich denke mir eine Zahl, rechne 12 dazu, verdopple und erhalte 100.

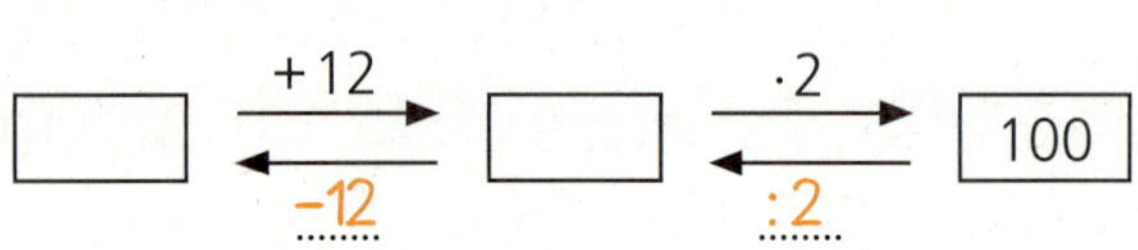

Die gedachte Zahl heißt ………….

b) Ich denke mir eine Zahl, ziehe 12 ab, halbiere und erhalte 13.

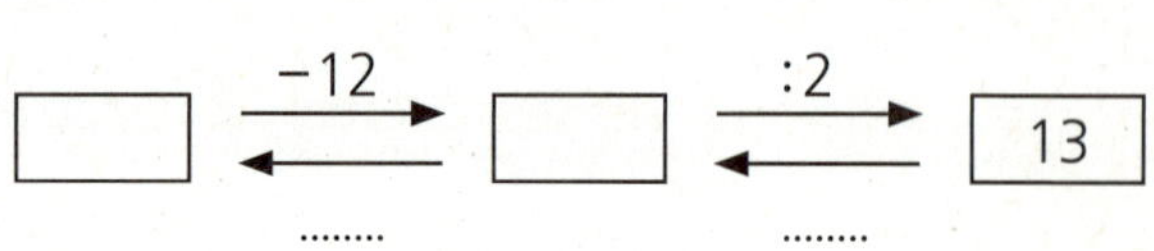

Die gedachte Zahl heißt ………….

10

1, 2 Verdoppeln und halbieren wiederholen.
3, 4 Zahlenmauern und Rechendreiecke berechnen, dabei Muster (das Doppelte, die Hälfte) ausnutzen.
5 Zahlenrätsel mit Hilfe von Rechenketten und Umkehroperationen lösen.

zu Schülerbuchseite 20/21

1 Setze die Preisliste fort.

a)

1	Brezel	0,70 €
2	Brezeln	1,40 €
3	Brezeln	....
4	Brezeln	....
5	Brezeln	....
6	Brezeln	....
7	Brezeln	....

b)

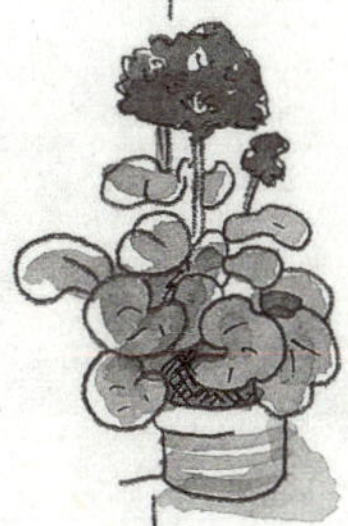

1	Geranie	0,90 €
2	Geranien	....
3	Geranien	....
4	Geranien	....
5	Geranien	....
6	Geranien	....
7	Geranien	....

2 Wie viel müssen sie bezahlen?

a) Hanna kauft 4 Berliner zu je 0,80 Euro.

....

....

b) Till kauft 2 Topfpflanzen zu je 1,50 Euro.

....

....

3 Trage den Betrag in die Stellentafel ein und schreibe mit Komma.

10 €	1 €	10 ct	1 ct	
	3	2	5	3,25 €
				....
				....
				....
				....
				....

4 Fahrpreise

a) Hin- und Rückfahrt kosten das Doppelte.

Einfache Fahrt	Hin- und Rückfahrt
2,00 €	4,00 €
3,50 €	....
4,50 €	....
5,00 €	....
10,20 €	....
12,50 €	....

b) Kinderfahrkarten kosten die Hälfte.

Einfache Fahrt	Kinderfahrkarte
2,00 €	1,00 €
3,40 €	....
8,20 €	....
9,00 €	....
10,80 €	....
12,00 €	....

1 Preislisten berechnen.
2 Sachaufgaben mit Geld.
3 Geldbeträge in Stellentafel eintragen und Kommaschreibweise üben.
4 Verdoppeln und halbieren von Geldbeträgen.

...... Spiegelbilder ɿɘbliblɘgɘiqƧ

Ergänze das Spiegelbild. Überprüfe mit dem Spiegel.

1 a) b) c) d)

2 a) b) c)

3 a) b) c) d)

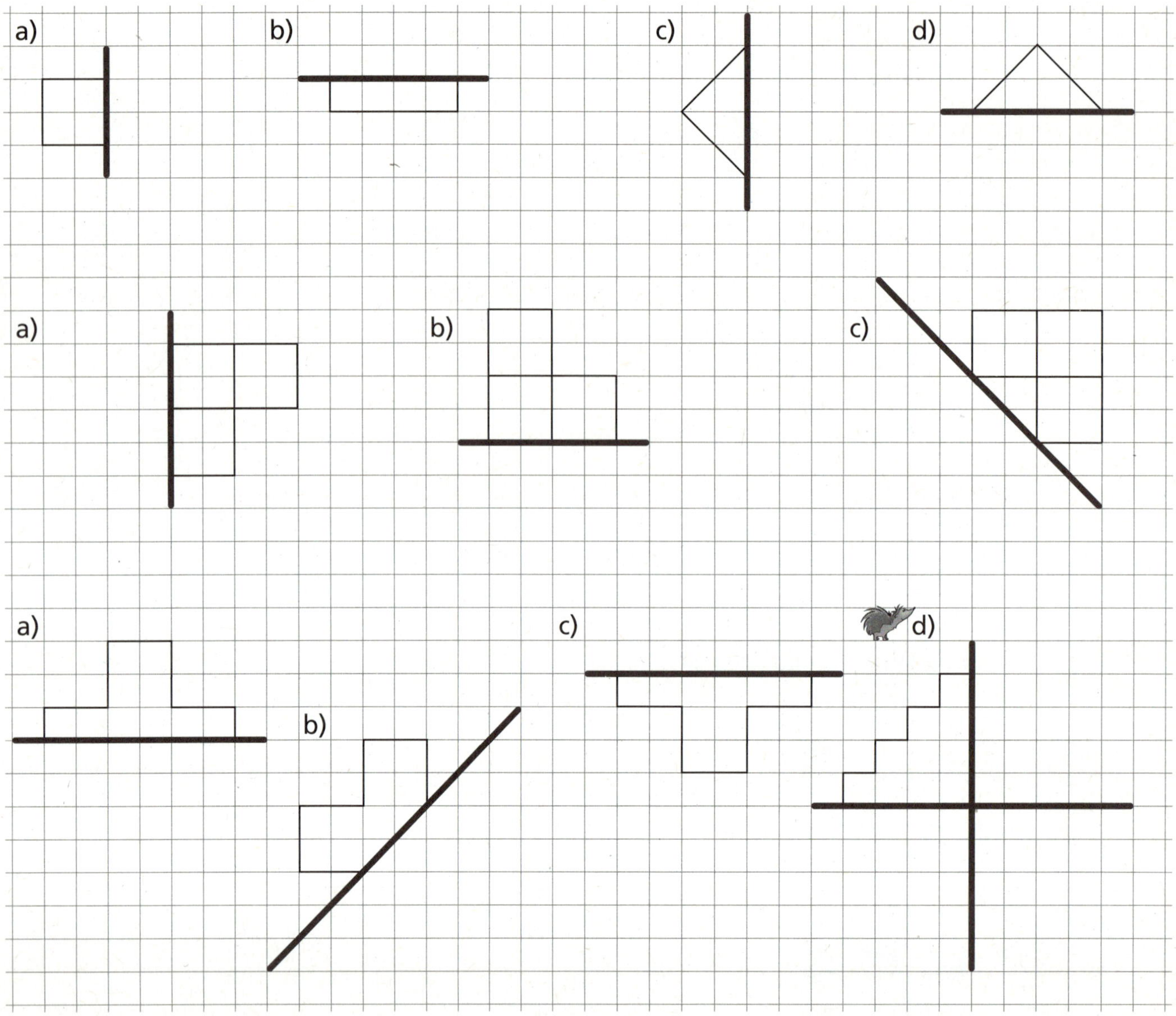

4

Ina hat .... Euro.

Wie viel Euro haben ihre Freunde?

a) Max hat 18 Euro weniger als Ina. Er hat .... Euro.

b) Jani hat 20 Euro mehr als Ina. Er hat .... Euro.

c) Anna hat halb so viele Euro wie Jani. Sie hat .... Euro.

5 a)

·		6	
3	24		12
2			
1			

b)

·	4		2
6			
	16		8
2		6	

c)

·		6	4
			24
		24	
2	16		

1 – 3 Spiegelbilder zeichnen.
4 Geldbeträge anhand von Relationen berechnen.
5 Maltabellen ergänzen.

1 1 Scheibe 1 Packung 1 Karton 1 Kiste

a) Wie viele Scheiben Käse sind in einem Karton? ....
in drei Kartons? ....
in fünf Kartons? ....

b) Wie viele Packungen sind in einem Karton? ....
in einer Kiste? ....

c) Wie viele Scheiben Käse sind in einer Kiste? ....

2 Bündeln.

a) 29 kleine Würfel und 7 Stangen.
Reicht es für 1 Platte?

....

....

b) 38 kleine Würfel und 27 Stangen.
Reicht es für 3 Platten?

....

....

c) 34 kleine Würfel und 66 Stangen.
Reicht es für 7 Platten?

....

....

3 Was bleibt übrig?

a) Du hast 3 Platten. Nimm 14 Stangen und 9 kleine Würfel weg.

....

....

b) Du hast 6 Platten. Nimm 24 Stangen und 7 kleine Würfel weg.

....

....

c) Du hast 9 Platten. Nimm 11 Stangen und 11 kleine Würfel weg.

....

....

4 Fülle den Lieferschein aus.

Lieferschein

Artikel	Stück pro Karton	Anzahl Kartons	Stückzahl
Sahne	50	4	200
Butter			
Milch			
Jogurt			

1 – 3 Bündeln und Tauschen im Dezimalsystem.
4 Lieferschein ausfüllen.

Das Tausenderfeld

1 Schreibe die Zahlen in die Stellentafel.

a) 

H	Z	E

b) 

H	Z	E

c) 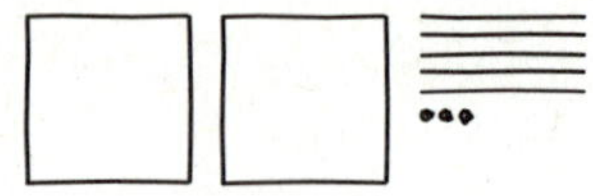

H	Z	E

d) 

H	Z	E

e) 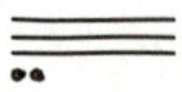

H	Z	E

f) 

H	Z	E

g) 

H	Z	E

h) 

H	Z	E

i) 

H	Z	E

2 Zeichne die Zahlbilder.

a) 314

b) 134

c) 431

d) 413

e) 143

f) 341

g) 233

h) 322

i) 323

j) 232

3

a) 700 + 40 + 6 = ...
700 + 40 = ...
700 + 6 = ...

b) 400 + 40 + 4 = ...
400 + 4 = ...
400 + 40 = ...

c) 600 + 60 + 7 = ...
600 + 60 = ...
600 + 7 = ...

d) 900 + 80 + 7 = ...
900 + 8 = ...
900 + 70 = ...

e) 600 + 70 + 6 = ...
600 + 6 = ...
600 + 70 = ...

f) 500 + 30 + 4 = ...
500 + 40 + 3 = ...
500 + 70 + 7 = ...

1 Zahlen in Stellentafel notieren.
2 Zu Zahlen Zahlbilder zeichnen.
3 Zahlen zusammenfassen.

zu Schülerbuchseite 28/29

1 Zerlege in Hunderter, Zehner und Einer.

a) 379 = 300 + 70 + 9
790 = 700 + 90
907 = 900 + 7

b) 751 = ...
175 = ...
517 = ...

c) 163 = ...
613 = ...
361 = ...

d) 456 = ...
654 = ...
645 = ...

e) 460 = ...
406 = ...
640 = ...

f) 325 = ...
523 = ...
253 = ...

2 Was bedeutet die fett gedruckte Ziffer?

a) 8**4**5 4 Z
485 ....
13**7** ....

b) 34**9** ....
333 ....
12**4** ....

c) 53**9** ....
539 ....
5**3**9 ....

d) 1**8**7 ....
18**7** ....
187 ....

e) 40**1** ....
401 ....
40**1** ....

3 <, > oder = ? Setze ein.

a) 347 ☐ 437
768 ☐ 1000
407 ☐ 504
201 ☐ 102
211 ☐ 112

b) 51 ☐ 510
802 ☐ 82
470 ☐ 407
208 ☐ 280
115 ☐ 511

c) 909 ☐ 999
999 ☐ 990
990 ☐ 99
990 ☐ 909
899 ☐ 989

d) 417 + 100 ☐ 500
625 − 100 ☐ 500
912 + 100 ☐ 1000
713 + 200 ☐ 1000
850 + 150 ☐ 1000

4 Immer 500.

a) 499 + ...
399 + ...
389 + ...
288 + ...
298 + ...

b) 250 + ...
125 + ...
500 + ...
50 + ...
5 + ...

c) 536 − ....
636 − ....
666 − ....
777 − ....
999 − ....

d) 789 − ....
901 − ....
519 − ....
591 − ....
678 − ....

e) 100 · ....
250 · ....
125 · ....
50 · ....
25 · ....

5 Wie heißen die gesuchten Zahlen? Zeige sie am Tausenderfeld.

a) Die Zahl ist die Hälfte von 800. ....
b) Die Zahl ist das Doppelte von 150. ....
c) Die Zahl ist 100 kleiner als 1000. ....
d) Die Zahl ist 500 größer als 500. ....
e) Die Zahl ist doppelt so groß wie 400. ....
f) Die Zahl ist halb so groß wie 1000. ....

6 Schöne Päckchen. Setze fort.

a) 1000 = 900 + ...
1000 = 800 + ...
1000 = 700 + ...
.... = ... + ...
.... = ... + ...
.... = ... + ...
.... = ... + ...

b) 1000 = 880 + ...
1000 = 890 + ...
1000 = 900 + ...
.... = ... + ...
.... = ... + ...
.... = ... + ...
.... = ... + ...

c) 1000 = 989 + ...
1000 = 988 + ...
1000 = 987 + ...
.... = ... + ...
.... = ... + ...
.... = ... + ...
.... = ... + ...

d) 1000 = 350 + ...
1000 = 450 + ...
1000 = 550 + ...
.... = ... + ...
.... = ... + ...
.... = ... + ...
.... = ... + ...

1 Zahlen zerlegen.
2 Stellenwerte benennen. **3** Zahlen ordnen.
4, 6 Zahlen zerlegen.
5 Am Tausenderbuch einfache Zahloperationen durchführen.

Das Tausenderbuch

1 a) Trage die fehlenden Zahlen ein.

	702		704		706		708		710
711		713		715		717		719	
	722		724		726		728		730
731		733		735		737		739	
	742		744		746		748		750
751	752			755	756			759	760
761	762			765	766			769	770
		773	774			777	778		
		783	784			787	788		
791	792		794		796	797		799	

b) Schreibe alle Zahlen auf

mit Einerziffer 7:

707, 717, ..., ..., ...,
..........., ..., ..., ..., ...

mit Zehnerziffer 3:

730, ..., ..., ..., ...,
..........., ..., ..., ..., ...

mit Zehnerziffer 0:

..........., ..., ..., ..., ...,
..........., ..., ..., ..., ...

mit Hunderterziffer 8

....

2 Zeige die Plätze der Zahlen. Setze die Reihen fort.

a) 502, 512, ..., ..., ..., ..., ..., ..., ..., 592

b) 511, 512, ..., ..., ..., ..., ..., ..., ..., 520

c) 509, 519, ..., ..., ..., ..., ..., ..., ..., 599

d) 502, 513, ..., ..., ..., ..., ..., ..., 590

e) 591, 582, ..., ..., ..., ..., ..., ..., ..., 510

501			504						
	512		514						
		523	524					529	
			534						540
			544	545					
			554		556				560
			564			567			
			574				578		
			584					589	
			594						600

3 Wege im Tausenderbuch.

301				305					
	312				316				320
		323	324			327			
			334						
341				345					350
	352				356				360
361						367			
							378		
								389	
									400

a) Starte auf 345.

Gehe 3 Einer vor   345 + 3 = ...
Gehe 3 Einer zurück   345 – 3 = ...
Gehe 3 Zehner vor   345 + 30 = ...
Gehe 3 Zehner zurück   345 – 30 = ...

b) Starte auf 378.

378 + 3 = ...
378 – 3 = ...
378 + 30 = ...
378 – 30 = ...

c) Starte auf 337.

337 + 3 = ...
337 – 3 = ...
337 + 30 = ...
337 – 30 = ...

d) Starte auf 341.

341 + 3 = ...
341 – 3 = ...
341 + 30 = ...
341 – 30 = ...

1 – 3 Orientierungsübungen am Tausenderbuch.

zu Schülerbuchseite 30/31

1 Schreibe die Zahl mit Ziffern.

a)

H	Z	E
••••••	•••	•••••••••

....

b)

H	Z	E
•	•••••	•••••••••

....

c)

H	Z	E
•••		•••••

....

d)

H	Z	E
•••	•••••••••	••••••

....

e)

H	Z	E
•••••	•••••••••	•

....

f)

H	Z	E
•••	•••••	

....

2 Zeichne die Zahl in die Stellentafel und schreibe sie mit Ziffern.

a) siebenhundert-dreiundzwanzig

H	Z	E

....

b) dreihundert-zweiundsiebzig

H	Z	E

....

c) zweihundert-siebenunddreißig

H	Z	E

....

3

H	Z	E
••••	•••	••

....

Welche Zahlen können es jetzt sein?

a) Nimm 1 Plättchen weg. ....

b) Lege 1 Plättchen dazu. ....

c) Verschiebe 1 Plättchen. ....

4 a) Welche Zahlen kleiner als 1000 kannst du mit 4 Plättchen legen?

....

....

b) Welche Zahlen kleiner als 1000 kannst du mit 5 Plättchen legen? Es sind 21 Zahlen.

....

....

5 Welche Zahlen können es sein? Probiere.

a) Die Hunderterziffer ist um 2 größer als die Zehnerziffer und die Zehnerziffer ist um 2 größer als die Einerziffer.

....

b) Die Zehnerziffer ist halb so groß wie die Einerziffer und die Hunderterziffer ist halb so groß wie die Zehnerziffer.

....

c) Die Hunderterziffer und die Einerziffer sind gleich und die Zehnerziffer ist um 3 größer.

....

Der Tausenderstrahl

1 Ordne die Zahlen am Rechenstrich.

a) 305, 321, 315, 312, 325, 319 — 305

b) 552, 525, 555, 522, 505, 537 — 505

c) 878, 877, 880, 888, 870, 892 — 870

2 Schreibe die Nachbarzahlen auf.

99, 100, 101	……, 400, ……	……, 777, ……	……, 909, ……
……, 111, ……	……, 420, ……	……, 700, ……	……, 990, ……
……, 234, ……	……, 398, ……	……, 799, ……	……, 999, ……

3 Ergänze zum nächsten Zehner.

512 + 8 = 520	759 + …… = ……
522 + …… = ……	755 + …… = ……
532 + …… = ……	745 + …… = ……
542 + …… = ……	741 + …… = ……
552 + …… = ……	739 + …… = ……

4 Ergänze zum nächsten Hunderter.

250 + 50 = 300	255 + …… = ……
550 + …… = ……	545 + …… = ……
750 + …… = ……	755 + …… = ……
340 + …… = ……	335 + …… = ……
930 + …… = ……	925 + …… = ……

5 Ergänze am Rechenstrich bis 1000.

a) 871 + …… = 1000 — 871 … 1000

b) 718 + …… = 1000 — 718

c) 187 + …… = 1000

d) 178 + …… = 1000

e) 781 + …… = 1000

f) 817 + …… = 1000

6 Der Tacho zeigt 0848.
Wie viel km sind es noch bis zum ersten Tausender? ……

1 – 6 Orientierungsübungen am Tausenderstrahl.

1 a) Immer 100, immer 1000

100	1000
85 +	850 +
67 +	670 +
49 +	490 +
51 +	510 +

b) Immer 50, immer 500

50	500
47 +	470 +
31 +	310 +
25 +	250 +
14 +	140 +

c) Immer 20, immer 200

20	200
18 +	180 +
15 +	150 +
17 +	170 +
8 +	80 +

2 Schöne Päckchen. Setze fort.

a)
877 + ... = 1000
766 + ... = 1000
655 + ... = 1000
544 + ... = 1000
433 + ... = 1000
.... + ... = ...
.... + ... = ...

b)
999 + ... = 1000
888 + ... = 1000
777 + ... = 1000
666 + ... = 1000
555 + ... = 1000
.... + ... = ...
.... + ... = ...

c)
699 + ... = 1000
588 + ... = 1000
477 + ... = 1000
366 + ... = 1000
255 + ... = 1000
.... + ... = ...
.... + ... = ...

3 Rechne und vergleiche die Zahlenmauern.

a)

	☐	
60		40
☐	25	☐

	☐	
☐		☐
350	250	150

b)

	100	
38		☐
☐	24	☐

	☐	
380		620
☐	240	☐

c)

	☐	
54		46
☐	30	☐

	1000	
☐		☐
240	☐	160

d)

	100	
77		☐
66	☐	☐

	1000	
☐		☐
660	☐	120

4 a)

100	1000
2 ·	2 ·
4 ·	4 ·
5 ·	5 ·
10 ·	10 ·

b)

100	1000
· 10	· 100
· 20	· 200
· 25	· 250
· 50	· 500

5 Schätze ungefähr.

a) 100 Stunden sind ungefähr .... Tage.
1000 Stunden sind ungefähr .... Tage.

b) 100 Minuten sind ungefähr .... Stunden.
1000 Minuten sind ungefähr .... Stunden.

c) 100 Tage sind ungefähr .... Monate.
1000 Tage sind ungefähr .... Monate.

1 Zerlegungen bei Zehnern, Hundertern und dem Tausender vergleichen.
2 Schöne Päckchen beim Ergänzen.
3, 4 Zahlenmauern und Zahlenhäuser berechnen, dabei Analogien nutzen.

..... Mit Geld rechnen

1 Wie viel Euro sind es?

a)

.... Euro

b)

.... Euro

c)

.... Euro

d)

.... Euro

2 Lege 456 Euro auf verschiedene Weise.

456 € = 200 € + ...

456 € = ...

456 € = ...

3 Lege mit möglichst wenigen Scheinen oder Münzen.

385 € = ...

648 € = ...

.... € = ...

4

Betrag	125 €	250 €	245 €	490 €	325 €	375 €	505 €
das Doppelte							

5

Betrag	160 €	320 €	640 €	480 €	490 €	510 €	550 €
die Hälfte							

6

a) Immer 100 Euro
- 97 € + ... €
- 83 € + ... €
- 26 € + ... €
- 17 € + ... €
- 8 € + ... €

b) Immer 200 Euro
- 150 € + ... €
- 120 € + ... €
- 90 € + ... €
- 60 € + ... €
- 30 € + ... €

c) Immer 500 Euro
- 425 € + ... €
- 405 € + ... €
- 225 € + ... €
- 45 € + ... €
- 25 € + ... €

d) Immer 1 000 Euro
- 975 € + ... €
- 865 € + ... €
- 755 € + ... €
- 465 € + ... €
- 145 € + ... €

7 Lege und überlege. Wie viel Geld kann es sein?

a) Es sind 2 Geldscheine, aber insgesamt weniger als 50 Euro.

....

....

b) Es sind 3 verschiedene Geldscheine, aber insgesamt weniger als 100 Euro.

....

....

1 – 7 Orientierungsübungen mit Geld.

zu Schülerbuchseite 38/39

1 Trage die Länge der Schulwege in die Stellentafel ein und schreibe in m.

	1 km	100 m	10 m	1 m	
Simon: 1 km 980 m	1	9	8	0	1980 m
Lea: 1825 m					
Bastian: 435 m					
Carlo: 1 km 470 m					
Luis: 2 km 40 m					
Memet: 2038 m					
Paula: 890 m					
Kadir: 1 km 630 m					

2 Wie lange braucht ein Kind ungefähr für den Weg?

250 m	500 m	750 m	1000 m	1 km 250 m	1 km 500 m	1 km 750 m	2 km
5 min			20 min				

3 Wie lange braucht ein Radfahrer ungefähr für den Weg?

1 km	2 km	3 km	4 km	5 km	6 km	7 km	8 km	9 km
4 min				20 min				

4

Strecke	30 m	70 m	150 m	250 m	700 m	900 m	1 km	6 km	7 km
die Hälfte	15 m								

5

Strecke	1 m 50 cm	2 m 50 cm	7 m 50 cm	75 m	125 m	375 m	3 km	75 km	12 km
das Doppelte	3 m								

6 Ergänze auf 1 km.

a) 850 m + 150 m
400 m + ... m
550 m + ... m

b) 998 m + ... m
888 m + ... m
798 m + ... m

7 Olympische Spiele: Immer höher, immer weiter. Schreibe in m und cm.

Frauen	Helsinki (1952)	München (1972)	Athen (2004)
Weitsprung	6,24 m = 6 m 24 cm	6,78 m = ...	7,07 m = ...
Hochsprung	1,67 m = ...	1,92 m = ...	2,06 m = ...
Speerwerfen	50,47 m = ...	63,88 m = ...	71,53 m = ...
Kugelstoßen	15,28 m = ...	21,03 m = ...	19,59 m = ...
Diskus	51,42 m = ...	66,62 m = ...	67,02 m = ...

1 Tausendergliederung von 1 km an der Stellentafel.
2 – 7 Rechnen mit Längen.

20 1

Mit dem Fahrrad unterwegs

1 Familie Klein macht eine Radtour an der Mosel entlang. Sie fahren von Koblenz nach Trier. Florian stellt jeden Morgen den Zähler auf 0 und liest jeden Abend die gefahrenen Kilometer ab.

a) Wie lang ist die gesamte Strecke?

....

b) Wie weit ist es von der Burg Eltz nach Bernkastel-Kues?

....

c) Wie weit ist es von Cochem nach Trier?

....

d) Wie weit ist es von Koblenz nach Zell?

....

e) Wie weit ist es von Zell nach Trier?

....

f) Wo ist ungefähr die Hälfte der Gesamtstrecke zurückgelegt?

....

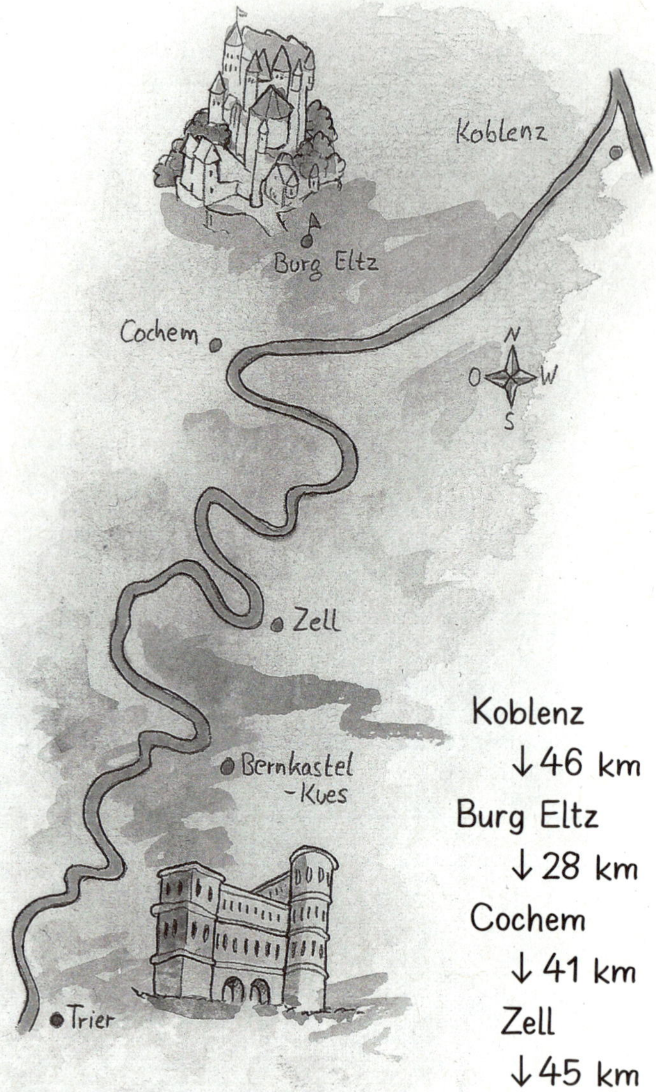

Koblenz
↓ 46 km
Burg Eltz
↓ 28 km
Cochem
↓ 41 km
Zell
↓ 45 km
Bernkastel-Kues
↓ 57 km
Trier

2 Jessica stellt bei der Abfahrt den Zähler auf 0 und liest an folgenden Orten den Zwischenstand ab. Trage jeweils den Zählerstand ein.

Koblenz	Burg Eltz	Cochem	Zell	Bernkastel-Kues	Trier
0 0 0					

3 Die Mosel ist in Deutschland 242 km, in Frankreich 303 km lang. Wie lang ist die Mosel insgesamt?

....

1 – 3 Sachaufgaben zum Kilometerzähler.

zu Schülerbuchseite 43

1 Überprüfe die Symmetrie mit einem Spiegel. Zeichne die Symmetrieachsen ein.

a)

Königshalle in Lorsch

b)

Schloss Benrath in Düsseldorf

2 Ergänze die Figur symmetrisch zur Spiegelachse.

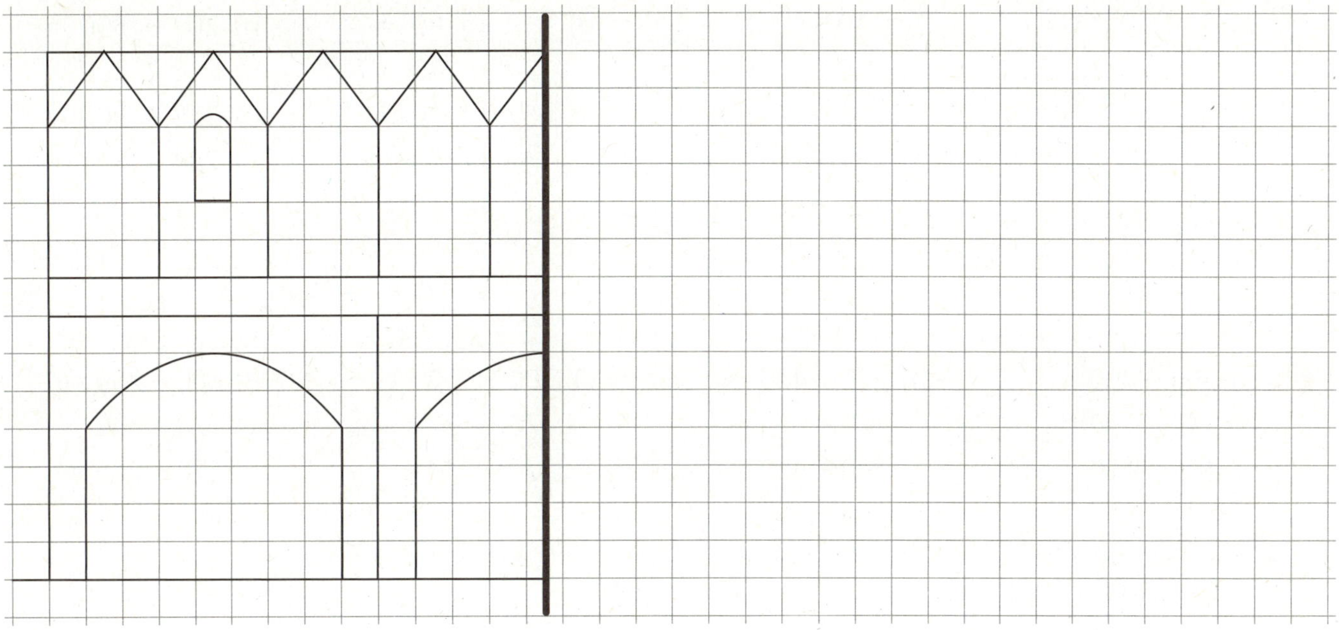

3 Symmetrisch oder nicht? Zeichne die Symmetrieachsen ein.

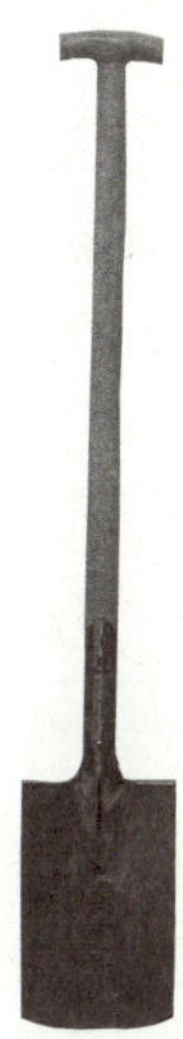
Spaten
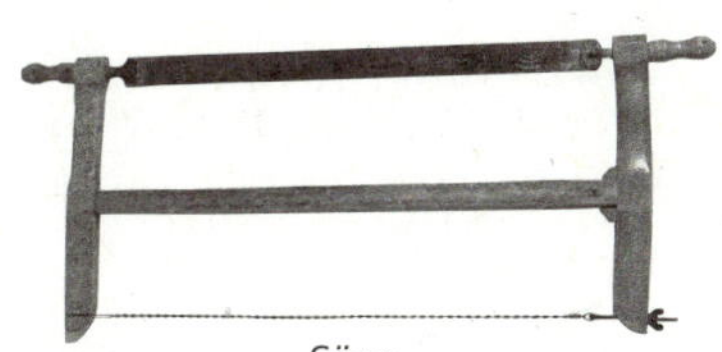
Säge

Beißzange

Wasserpumpenzange

1, 3 Symmetrieachsen einzeichnen.
2 Symmetrisch ergänzen.

Einfache Plusaufgaben

1

a) 177 + 2 = ...
177 + 20 = ...
177 + 200 = ...

b) 234 + 4 = ...
234 + 40 = ...
234 + 400 = ...

c) 139 + 7 = ...
139 + 70 = ...
139 + 700 = ...

d) 499 + 2 = ...
499 + 20 = ...
499 + 200 = ...

2 Schöne Päckchen. Setze fort.

a) 332 + 100 = ...
343 + 200 = ...
354 + 300 = ...
365 + 400 = ...
...... + ... = ...
...... + ... = ...

b) 516 + 80 = ...
425 + 80 = ...
334 + 80 = ...
243 + 80 = ...
...... + ... = ...
...... + ... = ...

c) 626 + 40 = ...
505 + 50 = ...
384 + 60 = ...
263 + 70 = ...
...... + ... = ...
...... + ... = ...

d) 91 + 10 = ...
193 + 9 = ...
295 + 8 = ...
397 + 7 = ...
...... + ... = ...
...... + ... = ...

e) 450 + 10 = ...
460 + 20 = ...
470 + 30 = ...
480 + 40 = ...
...... + ... = ...
...... + ... = ...

f) 110 + 1 = ...
219 + 3 = ...
328 + 5 = ...
437 + 7 = ...
...... + ... = ...
...... + ... = ...

g) 819 + 90 = ...
728 + 80 = ...
637 + 70 = ...
546 + 60 = ...
...... + ... = ...
...... + ... = ...

h) 207 + 500 = ...
216 + 400 = ...
225 + 300 = ...
234 + 200 = ...
...... + ... = ...
...... + ... = ...

3

a) 500 + 400 = ...
40 + 50 = ...
540 + 450 = ...

b) 200 + 400 = ...
40 + 20 = ...
240 + 420 = ...

c) 700 + 100 = ...
70 + 30 = ...
770 + 130 = ...

d) 600 + 200 = ...
70 + 40 = ...
670 + 240 = ...

4

a) Immer plus 40

87 .... 247 .... 447 ......

b) Immer plus 9

819 .... 900 ......

c) Immer plus ......

121 ...... 221 621

d) Immer plus ......

540 .... 900 990

1 – 4 Einfache Plusaufgaben rechnen, evtl. mit Material legen oder zeichnen (Heft oder Notizblatt).

1

a) 3 + 6 = ...
40 + 50 = ...
500 + 400 = ...
543 + 456 = ...

b) 9 + 4 = ...
60 + 30 = ...
300 + 600 = ...
369 + 634 = ...

c) 5 + 4 = ...
20 + 80 = ...
700 + 100 = ...
725 + 184 = ...

d) 8 + 7 = ...
30 + 40 = ...
600 + 200 = ...
638 + 247 = ...

2

a) 428 + 9 = ...
437 + 80 = ...
517 + 300 = ...
428 + 389 = ...

b) 674 + 6 = ...
680 + 40 = ...
720 + 200 = ...
674 + 246 = ...

c) 566 + 7 = ...
...... + 50 = ...
...... + 300 = ...
566 + 357 = ...

d) 347 + 9 = ...
...... + 80 = ...
...... + 400 = ...
347 + 489 = ...

3

a) 500 + 300 = ...
499 + 302 = ...
491 + 303 = ...
495 + 305 = ...
495 + 308 = ...

b) 400 + 200 = ...
408 + 204 = ...
406 + 199 = ...
411 + 203 = ...
399 + 211 = ...

c) 125 + 250 = ...
130 + 255 = ...
126 + 252 = ...
120 + 255 = ...
124 + 249 = ...

d) 750 + 110 = ...
749 + 112 = ...
751 + 108 = ...
745 + 115 = ...
752 + 112 = ...

4

a) 378 + 100 = ...
478 + 80 = ...
558 + 7 = ...
378 + 187 = ...

b) 400 + 200 = ...
90 + 70 = ...
3 + 6 = ...
493 + 276 = ...

c) 500 + 200 = ...
60 + 90 = ...
8 + 4 = ...
568 + 294 = ...

d) 779 + 100 = ...
879 + 40 = ...
919 + 3 = ...
779 + 143 = ...

5 Von einfachen zu schweren Zahlenmauern. Rechne und vergleiche.

a)

100	300	0

20	10	50

3	1	5

123	311	55

b)

50	200	150

30	25	20

4	9	1

84	234	171

6 Wie viele Parkplätze sind noch frei?

Montag
Es sind noch
...... Parkplätze frei.

Samstag
Es sind noch
...... Parkplätze frei.

1 – 5 Schwere Aufgaben unter Verwendung von einfachen Aufgaben lösen.

Tauschaufgaben, Überschlag

1 Denke an die Tauschaufgabe.

a)	b)	c)	d)
3 + 698 = ...	17 + 871 = ...	30 + 476 = ...	19 + 382 = ...
698 + 13 = ...	871 + 37 = ...	476 + 33 = ...	382 + 29 = ...

2 Rechne und vergleiche die Mauern. Was fällt dir auf?

Mauer	Grundsteine
1	125 | 225 | 25
2	25 | 125 | 225
3	225 | 25 | 125
4	25 | 225 | 125
5	225 | 125 | 25
6	125 | 25 | 225

3

a)	b)	c)	d)
123 + 456 = ...	231 + 456 = ...	132 + 465 = ...	213 + 456 = ...
321 + 654 = ...	132 + 654 = ...	123 + 564 = ...	623 + 145 = ...
231 + 546 = ...	124 + 536 = ...	542 + 163 = ...	536 + 421 = ...
153 + 426 = ...	632 + 154 = ...	543 + 162 = ...	645 + 123 = ...
241 + 536 = ...	431 + 256 = ...	124 + 563 = ...	521 + 436 = ...
351 + 624 = ...	524 + 136 = ...	135 + 462 = ...	256 + 413 = ...

Kontrolliere: In den Päckchen kommt jedes Ergebnis doppelt vor. Begründe.

4 Berechne ungefähr.

a)
598 + 203 ≈ ....
Ü: 600 + 200 = ...

196 + 498 ≈ ....
Ü: .... + ... = ...

341 + 93 ≈ ....
Ü: .... + ... = ...

b)
607 + 298 ≈ ....
Ü: .... + ... = ...

881 + 99 ≈ ....
Ü: .... + ... = ...

478 + 167 ≈ ....
Ü: .... + ... = ...

5 < oder >? Vergleiche mit Hilfe eines Überschlags.

a)		b)	
391 + 98 ■ 500	112 + 304 ■ 500	488 + 513 ■ 750	461 + 379 ■ 750
288 + 192 ■ 500	212 + 298 ■ 500	346 + 253 ■ 750	343 + 352 ■ 750

6 Hüpf im Päckchen! Rechne immer mit dem Ergebnis weiter.

a)	b)	c)	d)
177 + 51 = ...	575 + 83 = ...	173 + 21 = ...	642 + 69 = ...
279 + 51 = ...	742 + 85 = ...	480 + 143 = ...	801 + 111 = ...
381 + 51 = ...	913 + 87 = ...	623 + 165 = ...	960 + 27 = ...
228 + 51 = ...	658 + 84 = ...	194 + 132 = ...	711 + 90 = ...
330 + 51 = ...	827 + 86 = ...	326 + 154 = ...	912 + 48 = ...
Ziel 432	Ziel 1 000	Ziel 788	Ziel 987

1, 2 Tauschaufgaben als Rechenvorteil erkennen und beim Berechnen von Zahlenmauern ausnutzen.
4, 5 Überschlag berechnen und zum Vergleichen ausnutzen.

zu Schülerbuchseite 49/50

1 Überschlage die Kosten.

a)

Skates	199,00 €	Ü:	200,– €
Helm	39,50 €		40,– €
Schutzset	28,65 €		30,– €
			....

b)

Skates	149,85 €	Ü:	.... €
Helm	25,70 €		.... €
Schutzset	52,20 €		€
			....

2 Stelle die preiswerteste und die teuerste Ausrüstung zusammen.
Überschlage die Kosten.

a)

Skates	.... €	Ü:	.... €
Helm	.... €		.... €
Schutzset	.... €		€
			....

b)

Skates	.... €	Ü:	.... €
Helm	.... €		.... €
Schutzset	.... €		€
			....

3 Welcher Bauplan gehört zu welchem Gebäude.

a) 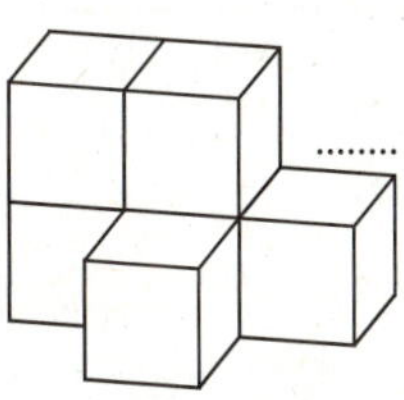 ....

b) 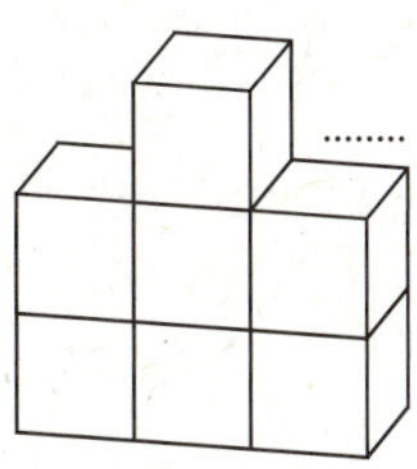 ....

c) 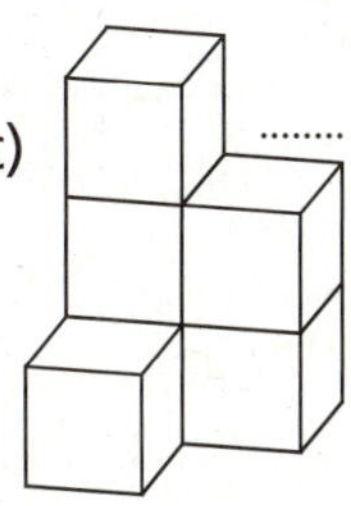 ....

d) 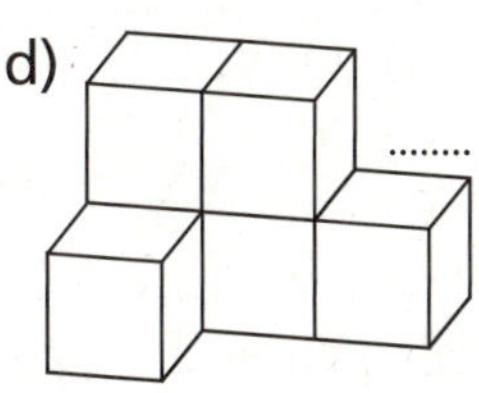 ....

e) 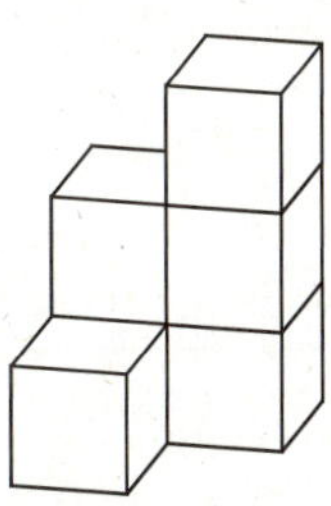 ....

f) 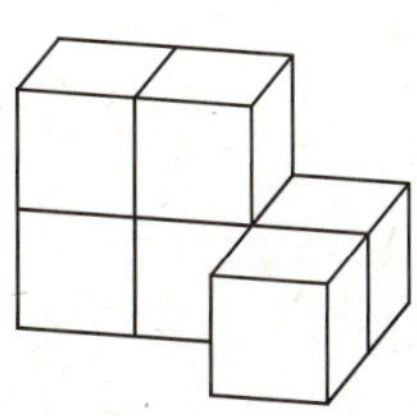 ....

g) 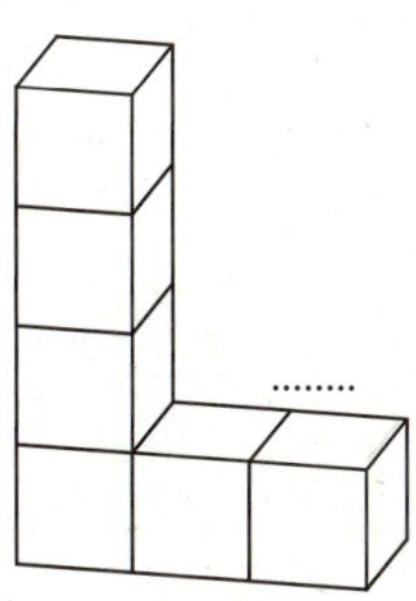 ....

h) 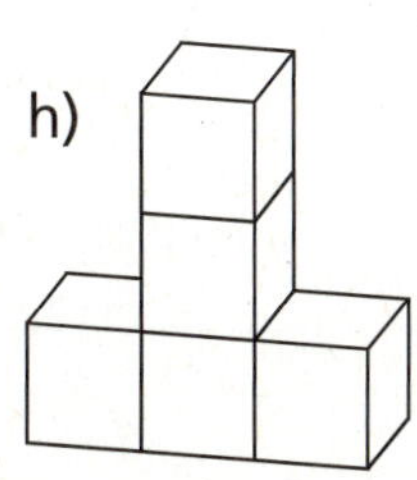 ....

①

1	1	4

②

1	3
	2

③

2	2	1
	1	

④

1	2
	3

⑤

2	3	2

⑥

2	2	1
		1

⑦

1	3	1

⑧

		1
1	2	2

1 – 2 Überschlag bei Sachaufgaben anwenden.
3 Baupläne den Gebäuden zuordnen.

Einfache Minusaufgaben

1

a) 277 − 2 = ...
277 − 20 = ...
277 − 200 = ...

b) 856 − 7 = ...
856 − 70 = ...
856 − 700 = ...

c) 755 − 6 = ...
755 − 60 = ...
755 − 600 = ...

d) 349 − 8 = ...
349 − 80 = ...
349 − 180 = ...

2 Schöne Päckchen. Setze fort.

a) 605 − 50 = ...
504 − 60 = ...
403 − 70 = ...
302 − 80 = ...
.... − .... = ...
.... − .... = ...

b) 1000 − 1 = ...
900 − 12 = ...
800 − 23 = ...
700 − 34 = ...
.... − .... = ...
.... − .... = ...

c) 213 − 90 = ...
314 − 80 = ...
415 − 70 = ...
516 − 60 = ...
.... − .... = ...
.... − .... = ...

d) 909 − 110 = ...
808 − 120 = ...
707 − 130 = ...
606 − 140 = ...
.... − .... = ...
.... − .... = ...

e) 150 − 50 = ...
260 − 61 = ...
370 − 72 = ...
480 − 83 = ...
.... − .... = ...
.... − .... = ...

f) 504 − 10 = ...
605 − 30 = ...
706 − 50 = ...
807 − 70 = ...
.... − .... = ...
.... − .... = ...

g) 907 − 120 = ...
907 − 140 = ...
907 − 160 = ...
907 − 180 = ...
.... − .... = ...
.... − .... = ...

h) 550 − 250 = ...
550 − 260 = ...
550 − 270 = ...
550 − 280 = ...
.... − .... = ...
.... − .... = ...

3

a) 500 − 300 = ...
80 − 60 = ...
580 − 360 = ...

b) 800 − 600 = ...
98 − 80 = ...
898 − 680 = ...

c) 440 − 60 = ...
8 − 6 = ...
448 − 66 = ...

d) 370 − 150 = ...
15 − 9 = ...
385 − 159 = ...

4

a) Immer plus 60

.... | .... | .... | .... | 580 | 640 | .... | .... | .... | .... | 940

b) Immer plus 35

.... | .... | .... | .... | 390 | .... | .... | .... | .... | 565 | 600

c) Immer plus ....

750 | .... | .... | .... | .... | .... | .... | .... | 950 | .... | 1000

d) Immer plus ....

108 | .... | .... | .... | .... | .... | .... | .... | 428 | .... | 508

1 – 4 Einfache Minusaufgaben rechnen, evtl. mit Material legen oder zeichnen (Heft oder Notizblatt).

1

a) 379 − 200 = ...
179 − 50 = ...
129 − 4 = ...
379 − 254 = ...

b) 586 − 300 = ...
286 − 40 = ...
246 − 5 = ...
586 − 345 = ...

c) 764 − 400 = ...
...... − 30 = ...
...... − 2 = ...
764 − 432 = ...

d) 831 − 500 = ...
...... − 50 = ...
...... − 5 = ...
831 − 555 = ...

2

a) 500 − 300 = ...
560 − 320 = ...
562 − 321 = ...

b) 700 − 500 = ...
780 − 530 = ...
784 − 533 = ...

c) 600 − 200 = ...
690 − 270 = ...
695 − 278 = ...

d) 900 − 400 = ...
940 − 420 = ...
942 − 423 = ...

3

a) 380 − 100 = ...
380 − 90 = ...
380 − 91 = ...
380 − 88 = ...

b) 674 − 300 = ...
674 − 302 = ...
674 − 299 = ...
674 − 304 = ...

c) 826 − 500 = ...
826 − 506 = ...
826 − 499 = ...
826 − 515 = ...

d) 930 − 600 = ...
935 − 604 = ...
935 − 590 = ...
936 − 591 = ...

4

a) 486 − 300 = ...
486 − 330 = ...
486 − 335 = ...
486 − 337 = ...

b) 572 − 400 = ...
572 − 460 = ...
572 − 466 = ...
572 − 468 = ...

c) 796 − 300 = ...
796 − 304 = ...
796 − 296 = ...
796 − 314 = ...

d) 871 − 300 = ...
871 − 390 = ...
871 − 395 = ...
871 − 375 = ...

5 Von einfachen zu schweren Zahlenmauern. Rechne und vergleiche.

a)

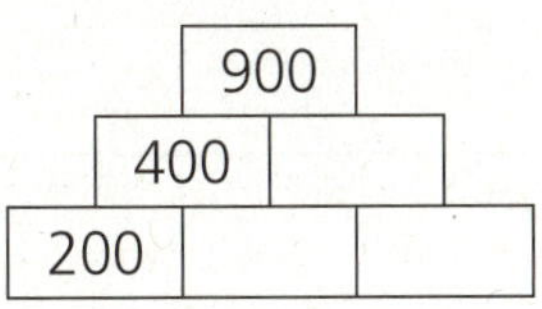

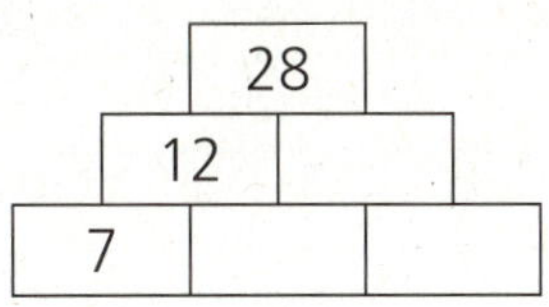

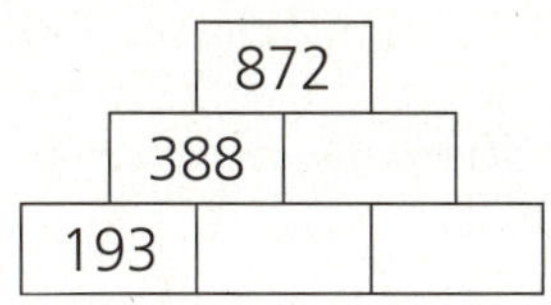

b) Probiere.

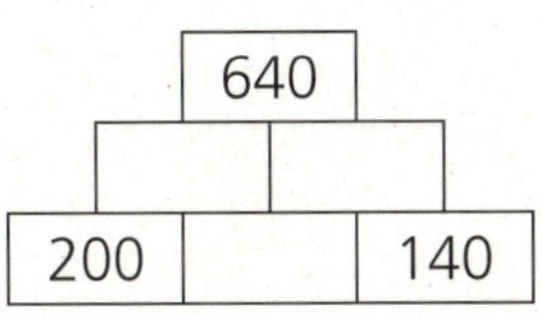

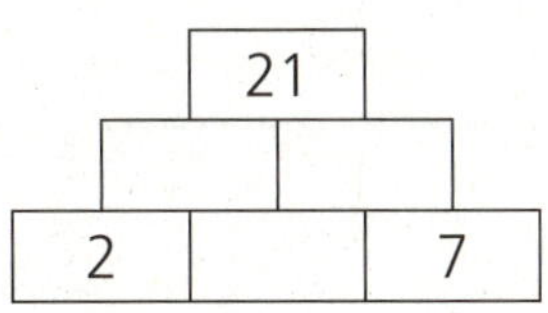

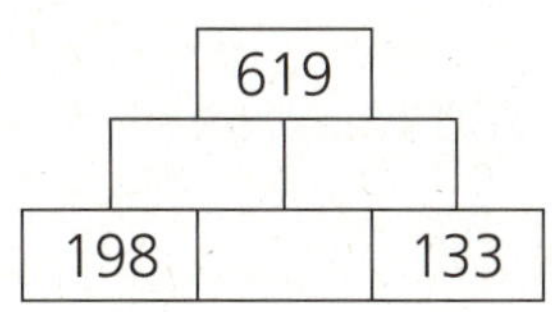

6 Hüpf im Päckchen! Rechne immer mit dem Ergebnis weiter.

a) 800 − 12 = ...
311 − 190 = ...
699 − 107 = ...
788 − 89 = ...
592 − 281 = ...
Ziel 121

b) 700 − 81 = ...
403 − 102 = ...
469 − 66 = ...
301 − 170 = ...
619 − 150 = ...
Ziel 131

c) 600 − 112 = ...
162 − 19 = ...
245 − 83 = ...
488 − 93 = ...
395 − 150 = ...
Ziel 143

d) 500 − 45 = ...
199 − 48 = ...
319 − 120 = ...
455 − 62 = ...
393 − 74 = ...
Ziel 151

Minusaufgaben durch Ergänzen lösen

1 Löse durch Ergänzen.

a) 504 − 486 = …………
486 + ………… = 504

336 − 189 = …………
189 + ………… = 336

b) 617 − 543 = …………
543 + ………… = 617

970 − 881 = …………
881 + ………… = 970

c) 837 − 779 = …………
779 + ………… = 837

601 − 497 = …………
497 + ………… = 601

d) 148 − 89 = …………
89 + ………… = 148

143 − 65 = …………
65 + ………… = 143

2

a)

493			
187			
76			
49			

b)

580			
	268		
	145		
	78		

c)

928			
	476		
	232		
		119	

3

a)

500 m
471 m +
368 m +
+ 279 m
+ 383 m

b)

1 km
916 m +
628 m +
+ 340 m
+ 311 m

c)

500 €
471 € +
307 € +
+ 249 €
+ 307 €

d)

1000 €
614 € +
815 € +
+ 290 €
+ 930 €

4 Ergänze am Rechenstrich.

a) 129 + ………… = 365 — 129

b) 236 + ………… = 365 — 236

c) 258 + ………… = 730 — 258

d) 472 + ………… = 730 — 472

e) 583 + ………… = 841 — 583

5 Vor dem Winterschlaf wog ein Igel 957 g.
Nach dem Winterschlaf wiegt er 485 g. ?

……………………………………………………………………

……………………………………………………………………

20 10

1 Ergänzen als Rechenvorteil benutzen.
2 – 5 Durch Ergänzen lösen.

zu Schülerbuchseite 57

1 Berechne ungefähr.

a) 983 − 296 ≈ ……
Ü: 1000 − 300 = ……

c) 804 − 449 ≈ ……
Ü: …… − …… = ……

e) 801 − 489 ≈ ……
Ü: …… − …… = ……

b) 751 − 398 ≈ ……
Ü: …… − …… = ……

d) 702 − 599 ≈ ……
Ü: …… − …… = ……

f) 597 − 305 ≈ ……
Ü: …… − …… = ……

2 Wie viel Kilometer sind es ungefähr

a) bis Heidelberg: 120 km
bis Mannheim: ……
bis Frankfurt: ……

b) von Heidelberg bis Mannheim: ……
von Mannheim bis Frankfurt: ……

A5	
Heidelberg	117 km
Mannheim	138 km
Frankfurt	195 km

c) bis Münster: ……
bis Bremen: ……
bis Hamburg: ……

d) von Münster bis Bremen: ……
von Bremen bis Hamburg: ……

A1	
Münster	45 km
Bremen	174 km
Hamburg	255 km

3 a)

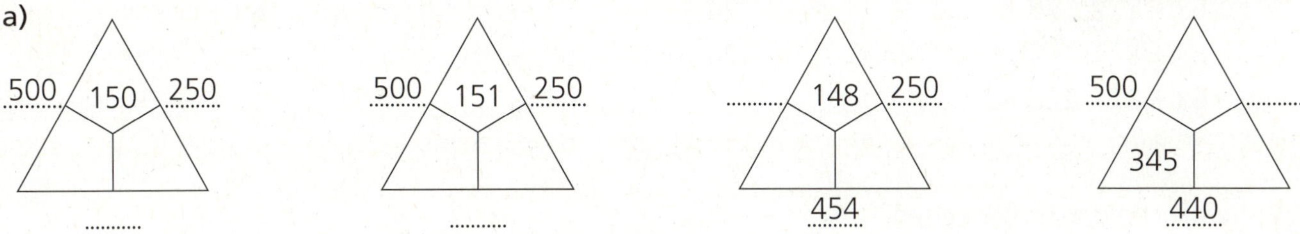

b)

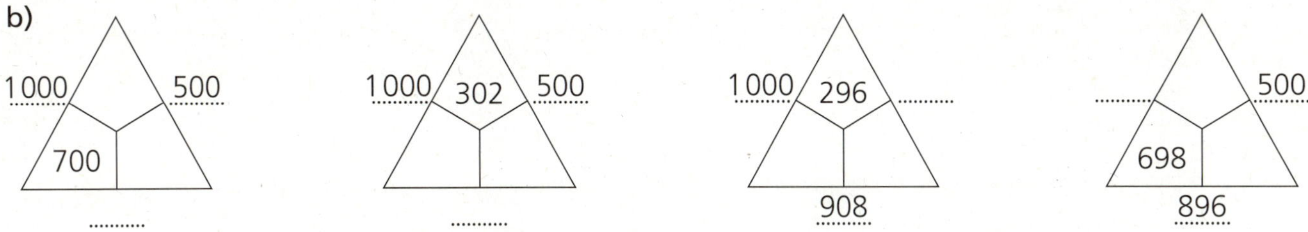

4

a) Regal: 198 €
gegeben: 500 €
zurück: ……

b) Schreibtisch: 239 €
gegeben: 400 €
zurück: ……

c) Stuhl: 69 €
gegeben: 100 €
zurück: ……

d) Bett: 298 €
gegeben: 500 €
zurück: ……

5 Maries Mutter kauft einen Schreibtisch und einen Drehstuhl. Sie bezahlt mit zwei 200-Euro-Scheinen. ?

……………………………………………

……………………………………………

1, 2 Überschlag berechnen.
5 Frage finden und beantworten.

Plus und minus

1 Immer 4 Aufgaben.

a)	b)	c)	d)
177 + 185 = 362	113 + 765 = ……	418 + 581 = ……	329 + 318 = ……
362 − 177 = ……	…… = ……	…… = ……	…… = ……
362 − 185 = ……	…… = ……	…… = ……	…… = ……
185 + 177 = ……	…… = ……	…… = ……	…… = ……

2 Nutze Rechenvorteile.

a)	b)	c)
188 − 163 + 170 = ……	374 + 298 − 380 = ……	537 + 178 − 137 = ……
293 + 118 − 120 = ……	199 + 199 − 299 = ……	667 + 149 − 249 = ……
141 − 123 + 130 = ……	137 + 173 − 237 = ……	187 + 387 − 188 = ……
468 + 143 − 150 = ……	187 + 93 − 83 = ……	333 − 166 + 167 = ……
217 + 678 − 218 = ……	415 + 167 − 117 = ……	402 − 239 + 250 = ……

3 Welche Zahlen fehlen? Überlege ohne auszurechnen.

a)	b)	c)
63 + 87 = 87 + ……	124 − 71 = …… − 70	129 + 37 = 130 + ……
63 + 87 = 60 + ……	124 − 71 = 125 − ……	97 + 98 = 100 + ……
63 + 87 = 70 + ……	124 − 71 = 54 − ……	143 + 143 = 280 + ……
63 + 87 = 140 + ……	124 − 71 = 50 + ……	124 + 71 = …… + 5
63 + 87 = 100 + ……	124 − 71 = 104 − ……	63 + 87 = 140 + ……

4 Vergleiche die Rechenketten.

a)

Start	+ 165	+ 85	− 250 → Ziel
280	445	……	……
370	……	……	……
460	……	……	……

Start	− 105	− 95	+ 200 → Ziel
280	……	……	……
370	……	……	……
460	……	……	……

b)

Start	+ 76	+ 35 → Ziel
315	……	……
426	……	……
537	……	……

Start	− 84	− 27 → Ziel
315	……	……
426	……	……
537	……	……

c)

Start	+ 164	− 53 → Ziel
315	……	……
426	……	……
537	……	……

Start	− 253	+ 142 → Ziel
315	……	……
426	……	……
537	……	……

5 Beim Verlassen des Nestes hat ein junger Igel etwa 3000 Stacheln. Als erwachsener Igel hat er doppelt so viele. [?]

……………………………………………

……………………………………………

1, 2 Aufgaben und Umkehraufgaben in Beziehung setzen und als Rechenvorteil nutzen. **3** Rechnen ohne auszurechnen.
4 Muster bei Rechenketten evtl. mündlich begründen.
5 Frage finden und beantworten.

1 Rechne am Rechenstrich. Was fällt dir auf?

a)

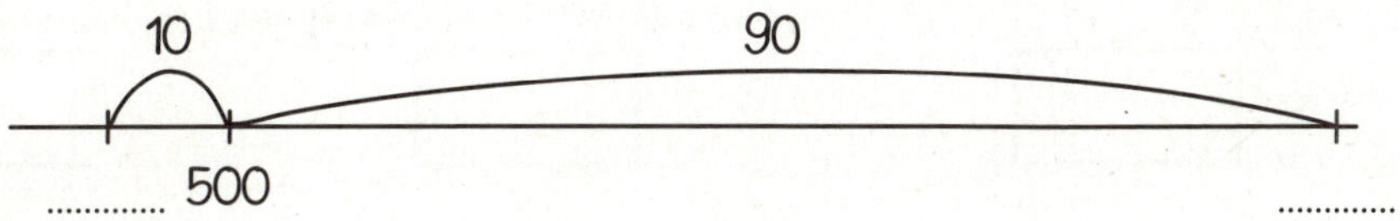

500 + 90 = ...
500 − 10 = ...

b)

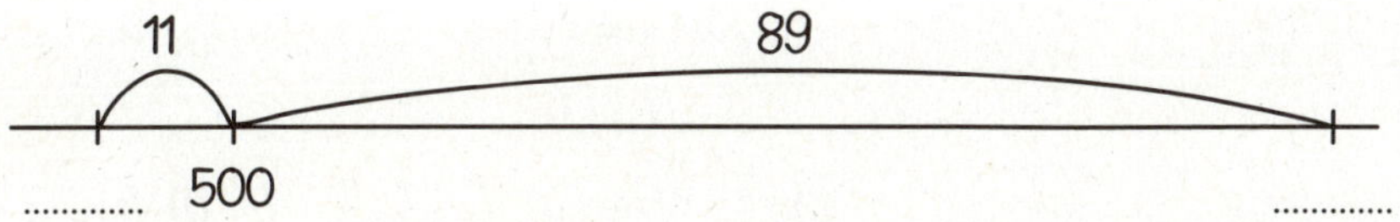

500 + 89 = ...
500 − 11 = ...

c)

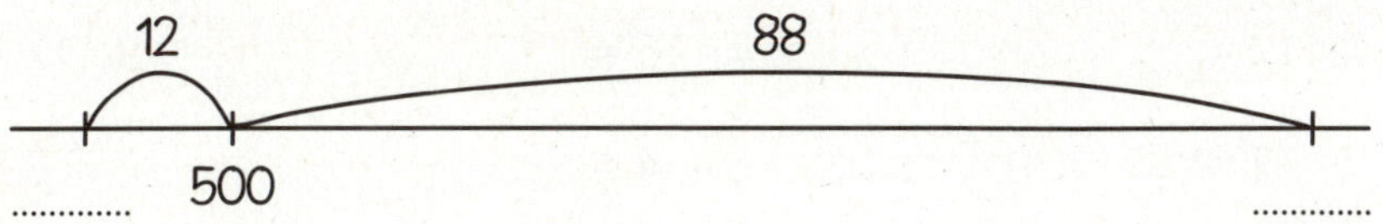

500 + 88 = ...
500 − 12 = ...

2 a)

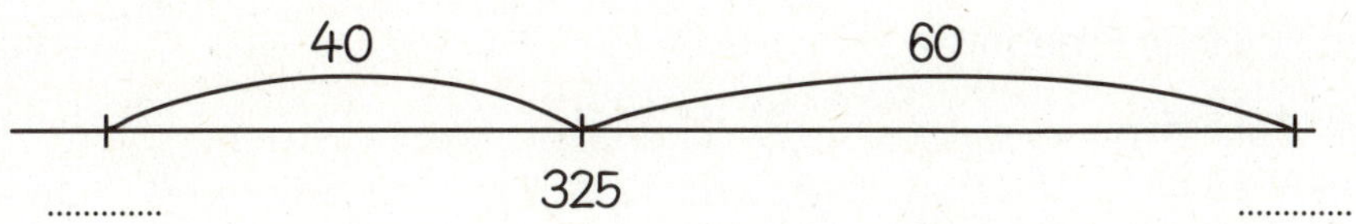

325 + 60 = ...
325 − 40 = ...

b)

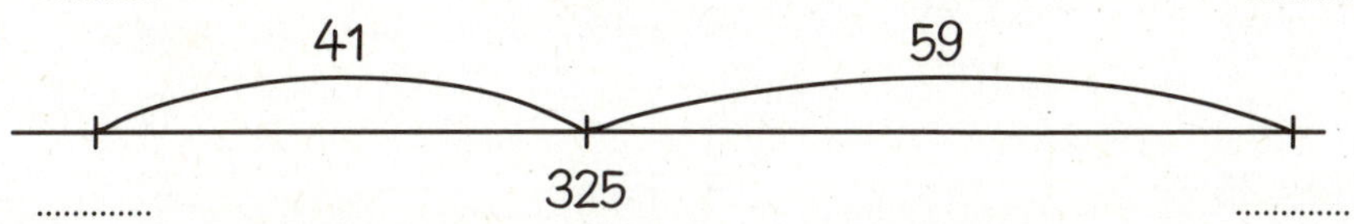

325 + 59 = ...
325 − 41 = ...

c)

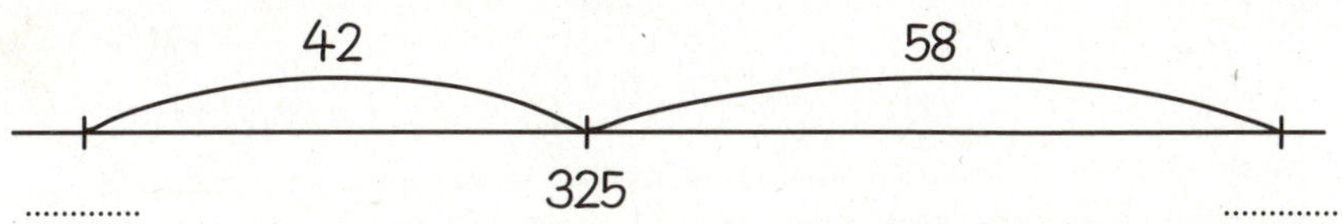

325 + 58 = ...
325 − 42 = ...

3

a) 293 + 40 = ...	b) 576 + 90 = ...	c) 178 + 25 = ...	d) 673 + 5 = ...
293 − 60 = ...	576 − 10 = ...	178 − 75 = ...	673 − 95 = ...
293 + 60 = ...	576 + 10 = ...	178 + 75 = ...	673 + 95 = ...
293 − 40 = ...	576 − 90 = ...	178 − 25 = ...	673 − 5 = ...
e) 231 + 61 = ...	f) 478 + 34 = ...	g) 345 + 78 = ...	h) 847 + 52 = ...
231 − 39 = ...	478 − 66 = ...	345 − 22 = ...	847 − 48 = ...
231 + 39 = ...	478 + 66 = ...	345 + 22 = ...	847 + 48 = ...
231 − 61 = ...	478 − 34 = ...	345 − 78 = ...	847 − 52 = ...

4 Hüpf im Päckchen! Rechne immer mit dem Ergebnis weiter.

a) 341 + 78 = ...	b) 963 − 77 = ...	c) 804 + 77 = ...	d) 548 − 74 = ...
334 − 22 = ...	787 + 103 = ...	709 − 34 = ...	601 − 588 = ...
339 − 49 = ...	886 + 81 = ...	796 − 182 = ...	13 + 119 = ...
419 − 80 = ...	967 − 180 = ...	881 − 85 = ...	394 + 207 = ...
290 + 44 = ...	890 − 14 = ...	614 + 95 = ...	474 − 80 = ...
Ziel → 312	Ziel → 876	Ziel → 675	Ziel → 132

1 – 4 Plus- und Minusaufgaben rechnen, dabei Muster erkennen und evtl. mündlich begründen.

Kleine und große Malaufgaben

1 a)

·	10	9
3		

3 · 19 = ...

·	10	3
9		

9 · 13 = ...

b)

·	10	4
7		

7 · 14 = ...

·	10	7
4		

4 · 17 = ...

2 a) 8 · 6 = ...
8 · 16 = ...
6 · 8 = ...
6 · 18 = ...

b) 2 · 7 = ...
2 · 17 = ...
7 · 2 = ...
7 · 12 = ...

c) 4 · 6 = ...
4 · 16 = ...
6 · 4 = ...
6 · 14 = ...

d) 9 · 2 = ...
9 · 12 = ...
2 · 9 = ...
2 · 19 = ...

3 Rechne und vergleiche. Verbinde gleiche Ergebnisse.

a)

2 · 13 = ...	26 + 13 = ...
3 · 13 = ...	13 + 13 = ...
4 · 13 = ...	26 + 26 = ...
5 · 13 = ...	130 − 13 = ...
8 · 13 = ...	130 − 26 = ...
9 · 13 = ...	130 : 2 = ...

b)

8 · 17 = ...	17 + 17 = ...
4 · 17 = ...	170 − 34 = ...
2 · 17 = ...	34 + 34 = ...
5 · 17 = ...	34 + 17 = ...
9 · 17 = ...	170 : 2 = ...
3 · 17 = ...	170 − 17 = ...

4 a)

15er-Reihe auf	15	30								
5er-Reihe auf	5	10								
Summe										

b)

12er-Reihe auf	12	24								
8er-Reihe auf	8	16								
Summe										

5 Rechne mit dem Malkreuz.

Ein Dutzend sind 12 Stück.

a) 5 Dutzend

5 · 12 = ...

·	10	2
5		

b) 10 Dutzend

....

·		

c) 9 Dutzend

....

·		

d) Eine Schneiderin kauft zwei Dutzend rote Knöpfe und drei Dutzend blaue Knöpfe. ?

....

....

1 – 5 Malaufgaben am Malkreuz zerlegen und mit Hilfe des kleinen Einmaleins berechnen.

1 Multipliziere am Feld.

a)

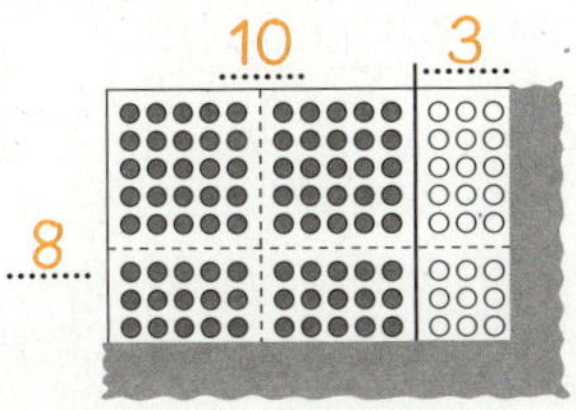

8 · 13 = ...

·	10	3
8		

b)

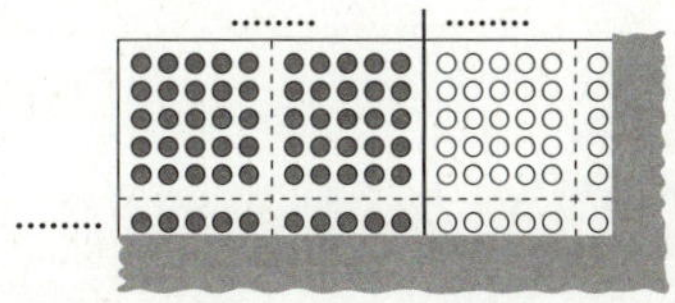

....

·		

c)

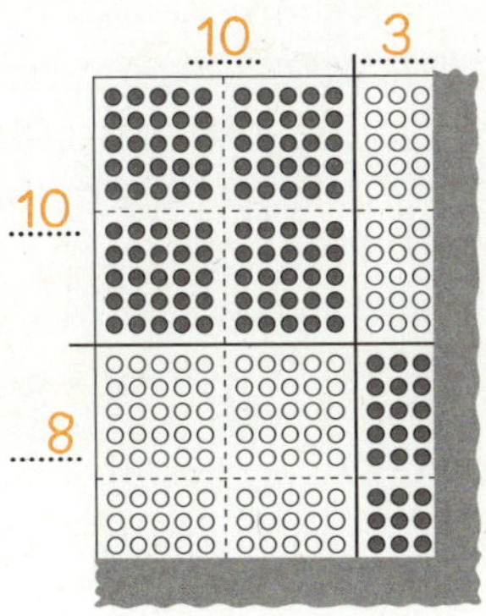

18 · 13 = ...

·	10	3
10		
8		

d)

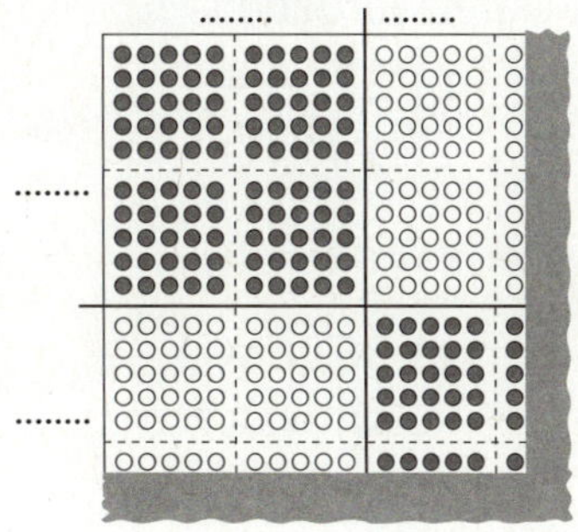

....

·		

2 Rechne mit dem Malkreuz. Vergleiche.

a) 14 · 14 = ... 13 · 15 = ...

b) 17 · 17 = ... 16 · 18 = ...

c) 18 · 18 = ... 17 · 19 = ...

d) 15 · 15 = ... 14 · 16 = ...

·		

3 Kater Minka braucht jeden Monat für 15 Euro Futter.
Berechne die Futterkosten im Jahr.

....

....

4 Die Futterkosten für den Collie Festus betragen pro Monat 20 Euro.
Berechne die Futterkosten im Jahr.

....

....

1 – 4 Malaufgaben mit Hilfe des Vierhunderterfeldes zerlegen und am Malkreuz berechnen.

Kleine und große Geteiltaufgaben

1 Wie viel Cent kostet ein Ei? Vergleiche.

Ein Ei kostet .... Cent.

Ein Ei kostet .... Cent.

2 Kleine und große Geteiltaufgaben.

a) 30 : 3 = ...	b) 27 : 3 = ...	c) 36 : 4 = ...	d) 40 : 4 = ...	e) 35 : 5 = ...
18 : 3 = ...	27 : 3 = ...	36 : 4 = ...	32 : 4 = ...	25 : 5 = ...
48 : 3 = ...	54 : 3 = ...	72 : 4 = ...	72 : 4 = ...	60 : 5 = ...
f) 50 : 5 = ...	g) 36 : 6 = ...	h) 70 : 7 = ...	i) 42 : 7 = ...	j) 80 : 8 = ...
30 : 5 = ...	60 : 6 = ...	35 : 7 = ...	42 : 7 = ...	48 : 8 = ...
80 : 5 = ...	96 : 6 = ...	105 : 7 = ...	84 : 7 = ...	128 : 8 = ...

3 Kleine und große Geteiltaufgaben mit Rest.

a) 50 : 5 = 10	b) 40 : 4 = ...	c) 30 : 3 = ...	d) 60 : 6 = ...	e) 60 : 6 = ...
28 : 5 = 5 R3	10 : 4 = ...	10 : 3 = ...	20 : 6 = ...	50 : 6 = ...
78 : 5 = 15 R3	50 : 4 = ...	40 : 3 = ...	80 : 6 = ...	110 : 6 = ...
f) 90 : 9 = ...	g) 70 : 7 = ...	h) 80 : 8 = ...	i) 90 : 9 = ...	j) 60 : 3 = ...
30 : 9 = ...	40 : 7 = ...	30 : 8 = ...	50 : 9 = ...	40 : 3 = ...
120 : 9 = ...	110 : 7 = ...	110 : 8 = ...	140 : 9 = ...	100 : 3 = ...

4 Schöne Päckchen. Setze fort.

a) 8 : 8 = ...	b) 6 : 3 = ...	c) 120 : 6 = ...	d) 55 : 5 = ...	e) 80 : 4 = ...
16 : 8 = ...	12 : 3 = ...	114 : 6 = ...	66 : 6 = ...	72 : 4 = ...
32 : 8 = ...	24 : 3 = ...	108 : 6 = ...	77 : 7 = ...	64 : 4 = ...
64 : 8 = ...	48 : 3 = ...	102 : 6 = ...	88 : 8 = ...	56 : 4 = ...
...... : ...... = ...	...... : ...... = ...	...... : ...... = ...	...... : ...... = ...	...... : ...... = ...

5 Hüpf im Päckchen! Rechne immer mit dem Ergebnis weiter.

a) 39 · 2 = ...	b) 70 : 5 = ...	c) 14 · 4 = ...	d) 96 : 8 = ...
52 · 2 = ...	12 · 3 = ...	98 : 2 = ...	120 : 2 = ...
78 : 6 = ...	14 · 6 = ...	56 : 8 = ...	48 : 6 = ...
104 : 4 = ...	36 : 4 = ...	7 · 14 = ...	12 · 4 = ...
13 · 4 = ...	84 : 7 = ...	49 : 1 = ...	8 · 15 = ...
Ziel 26	Ziel 9	Ziel 49	Ziel 60

1 – 4 Große Divisionsaufgaben aus kleinen herleiten und lösen.

zu Schülerbuchseite 68/69

1 Stefan geht mit seinem Großvater zweimal im Monat in den Zoo.

....

....

....

2 Ein Vater und sein Sohn sind zusammen 52 Jahre alt. Der Vater ist 30 Jahre älter als der Sohn.

....

....

....

3 Im Verkehrsverbund kostet eine Karte mit 10 Streifen 7 Euro. Für eine Fahrt vom Hauptbahnhof zum Schwimmbad müssen 2 Streifen entwertet werden. Ein Einzelfahrschein für diese Fahrt kostet 1,70 Euro.

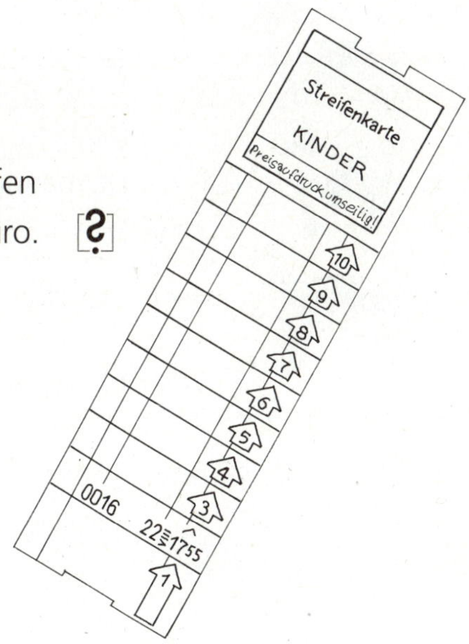

....

....

....

4 Auf der Donau sind es von Passau bis Linz 85 km. Ein Ausflugsschiff benötigt für diese Strecke 5 Stunden. Mit dem Fahrrad legt man auf dieser Strecke 15 km in der Stunde zurück.

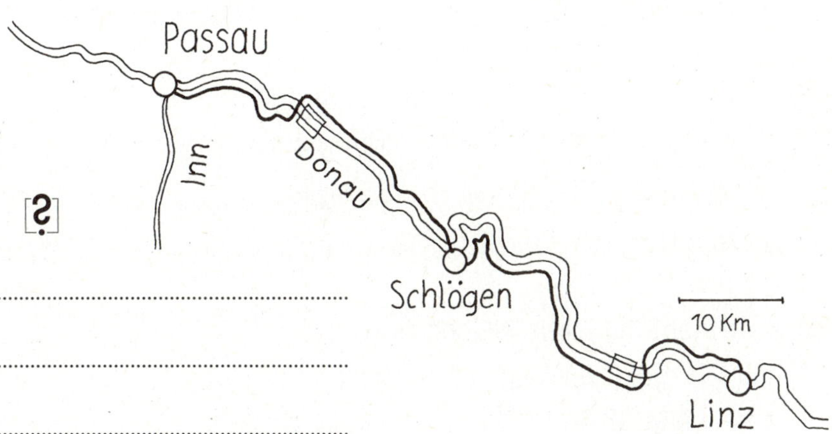

....

....

....

1 – 4 Zu Sachsituationen Fragen stellen, Rechenschritte überlegen und Ergebnisse interpretieren.

1 Wie schwer?

1 Banane: .... g

1 Apfel: .... g

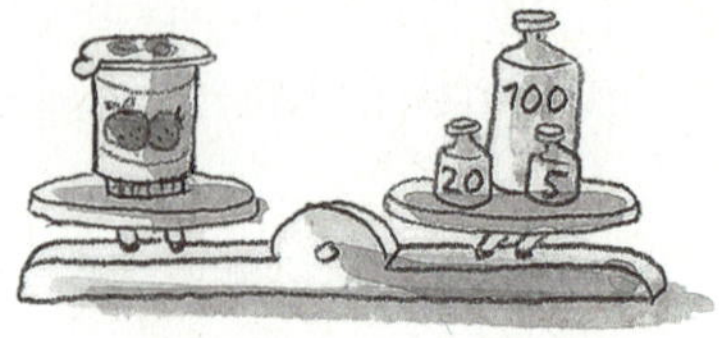

1 Jogurt: .... g

2

Eine Orange wiegt etwa .... g.

Eine Tomate wiegt etwa .... g.

Ein Brötchen wiegt etwa .... g.

3

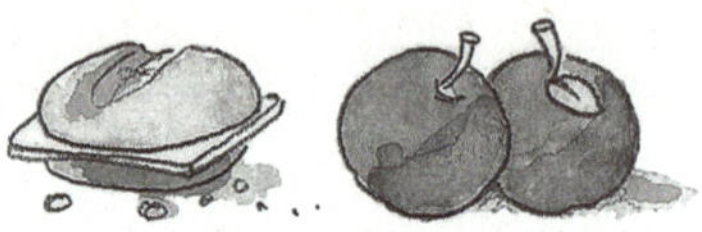

Dieses Frühstück wiegt ungefähr .... g.

Dieses Frühstück wiegt ungefähr .... g.

4 So viel wiegen Hunde etwa.

	10 kg	1 kg	100 g	10 g	1 g
Chihuahua		1	1	0	0
Dackel		6	8	5	0
Dalmatiner	2	5	5	0	0
Fox-Terrier		8	7	5	0
Spaniel	1	2	3	0	0

a) Schreibe in kg und g.

1 kg 100 g ....

....

....

....

....

b) Ordne nach dem Gewicht.

25 kg 500 g > ....

5

a) 500 g + 200 g = ...
100 g + 350 g = ...
500 g + 125 g = ...

b) 125 g + 25 g = ...
250 g + 25 g = ...
750 g + 125 g = ...

c) 250 g + 375 g = ...
450 g + 150 g = ...
525 g + 125 g = ...

6

a) Immer 1000 g
500 g + *500 g*
750 g + ...
625 g + ...

b) Immer 500 g
175 g + *325 g*
250 g + ...
125 g + ...

c) Immer 250 g
125 g + ...
175 g + ...
75 g + ...

d) Immer 750 g
500 g + ...
150 g + ...
375 g + ...

7 Lara steht mit ihrem kleinen Hund auf der Waage. Die Waage zeigt 36 kg an. Lara wiegt 28 kg. **?**

....

....

1 – 6 Mit Gewichten rechnen.
4 Tausendergliederung von 1 kg an der Stellentafel.
7 Frage finden und beantworten.

1 In welche Schachteln gehören die Schrauben? Miss genau und verbinde.
Die erste Zahl gibt die Dicke der Schraube an, die zweite Zahl gibt die Länge an.

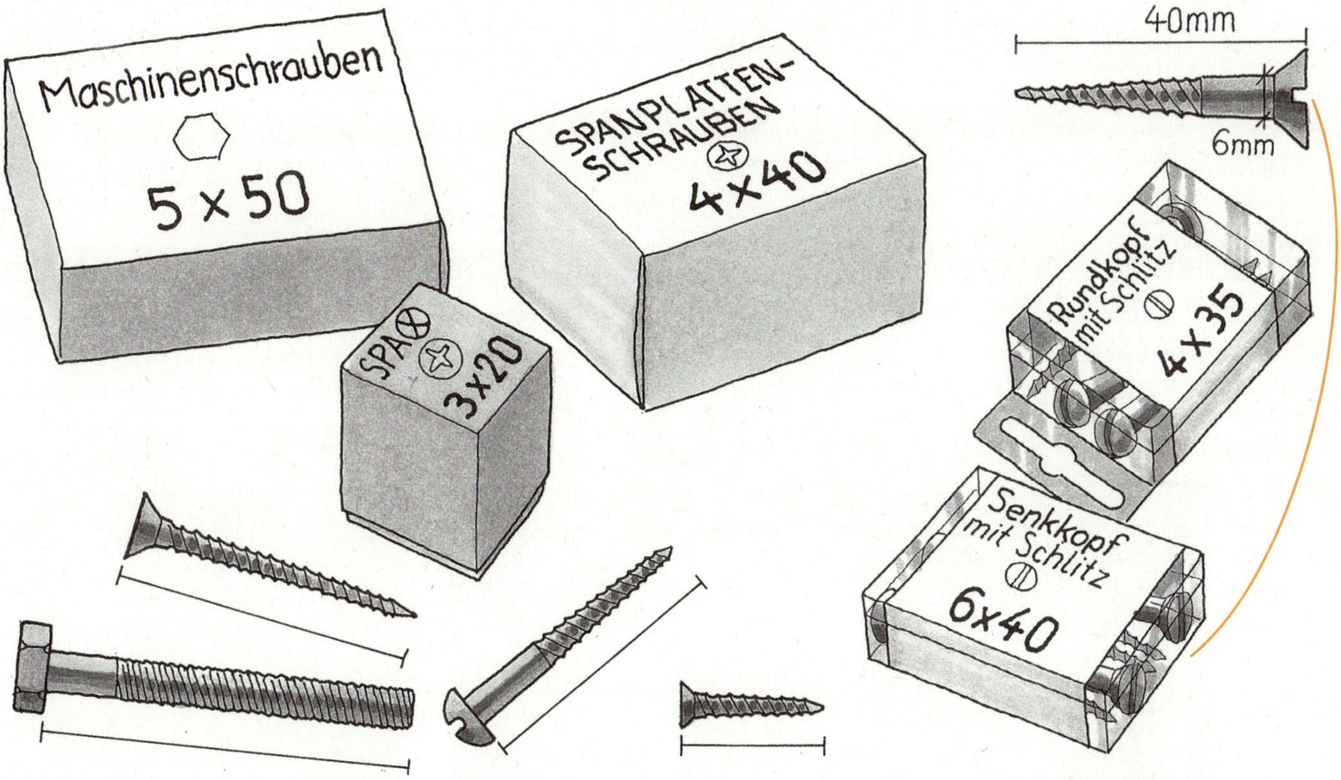

2 Miss die Körperlänge der Insekten (ohne Beine und Fühler), zeichne sie als Strecke und notiere die Länge.

Hummel

2 cm 5 mm = 25 mm

Fliege

....

Ameise

....

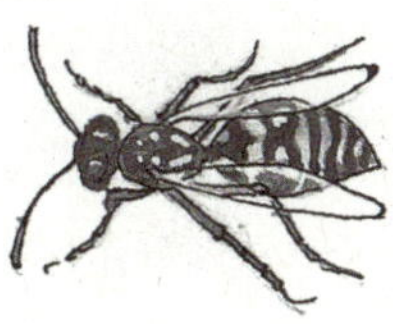

Wespe

....

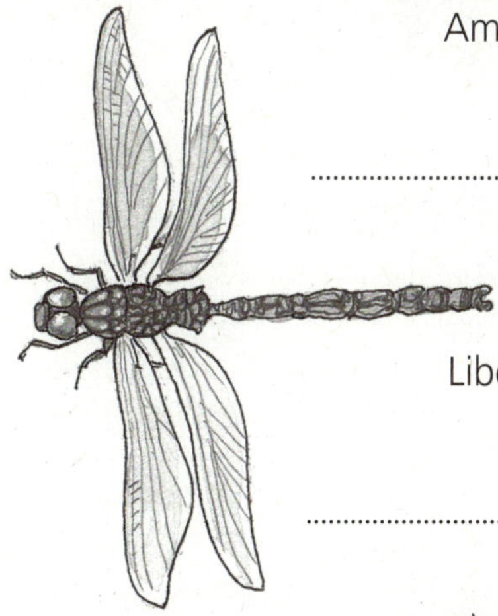

Libelle

....

Maikäfer

....

Marienkäfer

....

Honigbiene

....

Schriftliche Addition

1 Schreibe die Zahlen stellengerecht untereinander und rechne.

a) 403 + 196

	H	Z	E
	4	0	3
+	1	9	6

496 + 103

	H	Z	E
+			

b) 261 + 638

	H	Z	E
+			

238 + 661

	H	Z	E
+			

c) 350 + 379

	3	5	0
+	3	7	9

379 + 350

d) 397 + 53

353 + 97

e) 257 + 693

653 + 297

f) 293 + 657

93 + 807

2 Schöne Päckchen?

a)

	H	Z	E
	5	6	9
+	2	2	9

	H	Z	E
	5	8	4
+	2	0	3

	H	Z	E
	3	9	7
+	2	6	9

	H	Z	E
	1	0	9
+	4	5	6

	H	Z	E
	1	7	7
+	2	7	7

	H	Z	E
	2	8	9
+		5	4

b)

	H	Z	E
	2	1	0
+	4	9	7

	H	Z	E
	4	1	0
+	2	9	7

	H	Z	E
	2	2	8
+	4	7	9

	H	Z	E
	2	6	9
+	4	3	8

	H	Z	E
	6	9	5
+	1	0	2

	H	Z	E
	5	9	8
+	1	0	9

c)

	3	9	7
+	1	5	8

	5	7	2
+		9	4

	1	2	3
+	6	4	7

	3	6	8
+	5	2	0

	4	8	0
+	2	9	7

	3	5	7
+	3	0	9

d)

		5	6
+	1	7	8

	2	0	6
+	1	3	9

	1	6	6
+	2	9	0

	2	6	4
+	4	0	3

	2	8	9
+	3	8	9

	1	9	5
+	5	9	4

1 – 2 Stellengerecht addieren, dabei bei den Ergebnissen auf Muster achten (Selbstkontrolle).

zu Schülerbuchseite 78/79

1 Rechne und setze das Muster fort.

a)

554	545	536	527		
+ 446	+ 455	+ 464	+ 473	+	+

b)

321	321	321	321		
+ 95	+ 194	+ 293	+ 392	+	+

c)

690	579	468	357		
+ 198	+ 198	+ 198	+ 198	+	+

2 Wähle zwei Zahlen und addiere.

169 84 517 318 137 404 376 295

a) Das Ergebnis soll kleiner als 500 sein.

	169
+	84

b) Das Ergebnis soll zwischen 600 und 700 liegen.

	517
+	137

3 Welche Ziffern fehlen?

a)	b)	c)	d)	e)	f)
354	2 ▢ 6	94	465	197	43
+ 24 ▢	+ 503	+ 3 ▢ ▢	+ 42 ▢	+ 7 ▢	+ 3 ▢ 4
			1	1 1	1
599	749	397	891	▢ 74	407

4 Kurt hat 378 Euro auf seinem Sparbuch. Nach seinem Geburtstag zahlt er 250 Euro ein. ?

....

....

....

5 Familie Fischer fährt an die Nordsee. Nach 267 km machen sie eine Pause. Nach weiteren 214 km sind sie am Ziel. ?

....

....

....

1 – 3 Übungen zur schriftlichen Addition.
4, 5 Frage finden und beantworten.

Überschlag

1

81 kg 87 kg 78 kg 61 kg 72 kg

21 kg 11 kg 18 kg 9 kg 19 kg

Dürfen alle Personen mit ihrem Gepäck mitfahren?
Überschlage und rechne genau.

2 Auf einen Kleintransporter dürfen 1000 kg geladen werden. Der Fahrer soll von einem Bauernhof 650 kg Kartoffeln, 175 kg Kohl, 75 kg Möhren und 80 kg Äpfel abholen. ?
Überschlage und rechne genau.

3 Lena und Paul aus Mannheim möchten wissen, wie weit es bis zu ihrem Urlaubsort an der Ostsee ist. Sie suchen die Strecke im Straßenatlas:
Mannheim – Hannover 411 km, Hannover – Rostock 334 km, Rostock – Stralsund 71 km.
Überschlage und rechne genau.

4 Für das Theaterstück „Ronja Räubertochter" gibt es noch 250 Karten. Alle Klassen der Schule möchten das Stück sehen. In das 1. Schuljahr gehen 64 Kinder, ins 2. Schuljahr gehen 78 Kinder, ins 3. Schuljahr gehen 55 Kinder, ins 4. Schuljahr gehen 51 Kinder. ?
Überschlage und rechne genau.

1 – 4 Sachaufgaben zunächst überschlagen, dann genau berechnen und Ergebnisse interpretieren.

1 Wie viele Kilometer wurden zurückgelegt? Ergänze stellenweise am Rechenstrich.

Zählerstand alt	Zählerstand neu		gefahrene Kilometer
251	763	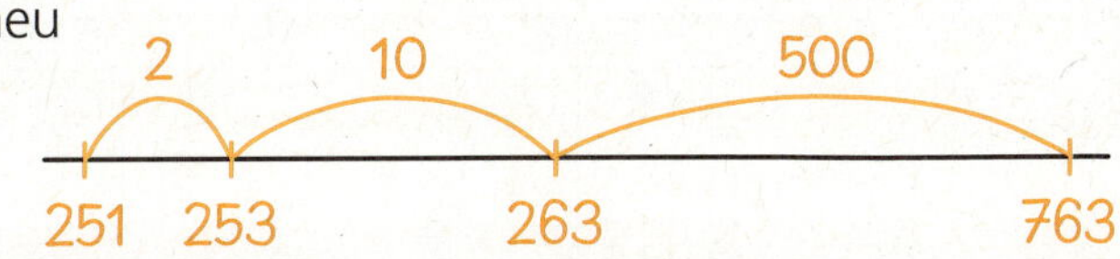	500 + 10 + 2 = 512
577	709		
054	338		
682	803		
345	543		
407	920		

2 Bestimme den neuen Zählerstand.

Zählerstand alt	gefahrene Kilometer		Zählerstand neu
512	251 km		763
132	577 km		
284	54 km		
571	232 km		
234	309 km		
413	507 km		

1 – 2 Am Rechenstrich stellengerecht ergänzen. (Bei Abziehverfahren Kopiervorlage zum stellenweisen Wechseln im Lehrerband)

Schriftliche Subtraktion

1 Schreibe die Zahlen stellengerecht untereinander und rechne.

a) 999 − 123   999 − 876

H	Z	E
9	9	9
− 1	2	3

H	Z	E
9	9	9
− 8	7	6

b) 666 − 123   999 − 543

c) 635 − 444   635 − 191

6	3	5
− 4	4	4

d) 754 − 320   854 − 420

e) 878 − 509   777 − 408

f) 901 − 235   802 − 136

g) 703 − 387   713 − 397

h) 892 − 89   892 − 803

2

a)

381	481	571	823	902	951	940
− 183	− 184	− 175	− 328	− 209	− 159	− 49

b)

1000	882	762	640	516	390	262
− 118	− 120	− 122	− 124	− 126	− 128	− 130

3 Finde die vier Fehler und berichtige.

703	948	790	915	792	546	786
− 142	− 237	− 302	− 366	− 169	− 372	− 518
~~6~~61	711	498	649	623	174	278
561						

1 – 3 Übungen zur schriftlichen Subtraktion.

zu Schülerbuchseite 87

1 Rechne und setze das Muster fort.

a)

987	876	765	654		
− 189	− 189	− 189	− 189	−	−

b)

987	876	765	654		
− 198	− 198	− 198	− 198	−	−

c)

888	777	666	555		
− 189	− 189	− 189	− 189	−	−

2 Wähle zwei Zahlen und subtrahiere.

291 586 169 74 137 188 412 605

a) Das Ergebnis soll größer als 200 sein.

	291
−	74

b) Das Ergebnis soll zwischen 100 und 200 liegen.

	291
−	169

3 a) Meine Zahl ist um 350 kleiner als 950.
Meine Zahl heißt ....

b) Meine Zahl ist um 464 kleiner als 950.
Meine Zahl heißt ....

c) Meine Zahl ist um 750 kleiner als 893.
Meine Zahl heißt ....

d) Meine Zahl ist um 691 kleiner als 978.
Meine Zahl heißt ....

4 Welche Ziffern fehlen?

	a)	b)	c)	d)	e)	f)
	7 5 4	8 _ 8	9 7 _	9 _ 8	5 3 4	8 7 6
−	2 _ 3	5 0 6	8 _ 2	2 7 9	3 _ 9	_ 8 7
	5 4 1	3 9 2	1 1 5	6 2 9	2 2 5	4 _ 9

Plus und minus

1

Der Plus-Räuber beginnt bei 333. Er würfelt mit drei Würfeln, bildet die kleinste Zahl und zählt sie dazu.
Der Minus-Räuber würfelt, bildet die kleinste Zahl und zieht diese ab. Sie würfeln und rechnen abwechselnd weiter.
Wer erreicht zuerst seine Höhle?

Beispiel: Start

333
+ 146
479
− 245
234
+ 123
....

2 „Hüpf in der Reihe!" Rechne immer mit dem Ergebnis weiter.

a)

378	105	994	656	824	408	Ziel
+ 616	+ 395	− 338	− 248	− 719	+ 416	
994	....	....	....	....	....	500

b)

531	233	244	846	555	432	Ziel
+ 315	+ 322	+ 675	− 613	− 123	− 188	
....	....	....	....	....	....	919

3 Überlege, ob du vorteilhaft rechnen kannst.

a)	b)	c)	d)
193 + 208 = ...	212 − 193 = ...	407 + 296 = ...	407 − 111 = ...
138 + 476 = ...	368 − 339 = ...	184 + 117 = ...	194 − 77 = ...
388 + 369 = ...	555 − 66 = ...	167 + 129 = ...	167 − 38 = ...
479 + 363 = ...	749 − 632 = ...	317 + 486 = ...	486 − 169 = ...
153 + 693 = ...	921 − 819 = ...	209 + 117 = ...	209 − 92 = ...

4 Alle Tiere im Zoo werden regelmäßig gewogen.
Berechne für das Nashorn die jährliche Gewichtszunahme.

Alter	Gewicht	Zunahme
Geburt	67 kg	
1 Jahr	713 kg	646 kg
2 Jahre	1127 kg	....
3 Jahre	1452 kg	....
4 Jahre	1638 kg	....
5 Jahre	1671 kg	....
6 Jahre	1678 kg	....

1 – 4 Übungen zur schriftlichen Addition und Subtraktion.

1 Berechne die Fahrzeiten.

Halt	Zeit		Dauer
Stuttgart Hbf	ab 12.51		.... h .... min
Wiesbaden Hbf	an 14.27		
Köln Hbf	ab 13.13		....
Hannover Hbf	an 16.18		
Berlin Zool. Garten	ab 17.38		....
Bonn Hbf	an 23.11		
Dortmund Hbf	ab 16.43		....
Kassel Wilhelmshöhe	an 18.58		
Freiburg (Brsg.) Hbf	ab 10.56		....
Mannheim Hbf	an 12.24		
Leipzig Hbf	ab 10.37		....
Bielefeld Hbf	an 14.39		

2 a) Berechne deine tägliche Schulzeit.

	Beginn	Ende		Dauer
Montag	.... Uhr	.... Uhr		....
Dienstag	.... Uhr	.... Uhr		....
Mittwoch	.... Uhr	.... Uhr		....
Donnerstag	.... Uhr	.... Uhr		....
Freitag	.... Uhr	.... Uhr		....

b) Berechne deine wöchentliche Schulzeit. ....

3 Verwandle in h und min.

150 min = ... h ...... min
210 min = ... h ...... min
270 min = ... h ...... min

4 Verwandle in min.

1 h 25 min = ... min
1 h 5 min = ... min
2 h 45 min = ... min

5 Verwandle in s.

1 min 17 s = ... s
1 min 39 s = ... s
3 min 25 s = ... s

1 – 5 Rechnen mit Zeitspannen.
1, 2 Zeitdauer mit Hilfe des Rechenstrichs bestimmen.

Das Zehner-Einmaleins, auch umgekehrt

1 Rechne zuerst die passende Aufgabe des kleinen Einmaleins.

a) 5 · 6 = ... · .... = ... · .... = ... · .... = ... · .... = ...

5 · 60 = ... 6 · 50 = ... 5 · 70 = ... 9 · 30 = ... 3 · 90 = ...

b) 7 · 6 = ... · .... = ... · .... = ... · .... = ... · .... = ...

7 · 60 = ... 6 · 70 = ... 7 · 70 = ... 8 · 80 = ... 8 · 90 = ...

2

180 = 3 · 60	280 = ... · 70	500 = ... · 50	240 = ... · 80	240 = ... · 60
180 = 60 ·	280 = 70 ·	500 = 50 ·	240 = ... ·	240 = ... · ....
180 = ... · 30	280 = ... · 40	500 = ... · 10	240 = ... · 40	240 = ... · 30
180 = 30 ·	280 = 40 ·	500 = 10 ·	240 = ... ·	240 = ... · ....

3 a)

50er-Reihe	50	100								
10er-Reihe	10	20								
Summe										

b)

100er-Reihe	100	200								
30er-Reihe	30	60								
Unterschied										

4

24 : 4 = ...	48 : 4 = ...	54 : 6 = ...	56 : 8 = ...	63 : 7 = ...
240 : 4 = ...	480 : 4 = ...	540 : 6 = ...	560 : 8 = ...	630 : 7 = ...
240 : 40 = ...	480 : 40 = ...	540 : 60 = ...	560 : 80 = ...	630 : 70 = ...

5

a)

720 : 8 = ...	640 : 8 = ...	480 : 8 = ...	320 : 8 = ...	160 : 8 = ...
720 : 80 = ...	640 : 80 = ...	480 : 80 = ...	320 : 80 = ...	160 : 80 = ...

b)

720 : 9 = ...	630 : 9 = ...	450 : 9 = ...	360 : 9 = ...	180 : 9 = ...
720 : 90 = ...	630 : 90 = ...	450 : 90 = ...	360 : 90 = ...	180 : 90 = ...

6 Finde passende Malaufgaben.

100	120	180	240	360	420
2 · 50	2 ·				
5 ·					
10 ·					

1 – 6 Aufgaben des Zehnereinmaleins mit Hilfe des kleinen Einmaleins berechnen. Muster evtl. mündlich besprechen.

zu Schülerbuchseite 100/101

Rechenwege bei der Multiplikation ....

1 5 · 34 = ... 5 · 43 = ... 6 · 39 = ... 6 · 93 = ... 3 · 95 = ...

·	30	4
5		

·		

·		

·		

·		

2

a) 4 · 21 = ...
4 · 12 = ...
4 · 102 = ...
4 · 120 = ...
4 · 210 = ...
4 · 201 = ...

b) 3 · 25 = ...
3 · 19 = ...
3 · 169 = ...
3 · 114 = ...
3 · 140 = ...
3 · 141 = ...

c) 6 · 108 = ...
6 · 144 = ...
6 · 114 = ...
6 · 141 = ...
6 · 78 = ...
6 · 81 = ...

d) 9 · 15 = ...
9 · 35 = ...
9 · 39 = ...
9 · 59 = ...
9 · 57 = ...
9 · 17 = ...

3

a) 7 · 6 = ...
50 · 6 = ...
100 · 6 = ...

57 · 6 = ...
107 · 6 = ...
150 · 6 = ...
157 · 6 = ...

b) 3 · 4 = ...
40 · 4 = ...
200 · 4 = ...

43 · 4 = ...
240 · 4 = ...
203 · 4 = ...
243 · 4 = ...

4 Schöne Päckchen?

3 · 47 = ...
3 · 84 = ...
3 · 122 = ...
3 · 158 = ...
3 · 195 = ...

144 · 6 = ...
288 · 3 = ...
96 · 9 = ...
216 · 4 = ...
433 · 2 = ...

329 · 3 = ...
255 · 3 = ...
181 · 3 = ...
107 · 3 = ...
33 · 3 = ...

3 · 45 = ...
6 · 42 = ...
3 · 119 = ...
9 · 52 = ...
3 · 193 = ...

16 · 7 = ...
32 · 7 = ...
48 · 7 = ...
64 · 7 = ...
80 · 7 = ...

5 Welche Ergebnisse sind gleich? Welche Aufgabe findest du einfacher?

a) 57 · 9 = ...
57 · 2 = ...
57 · 5 = ...
57 · 8 = ...

570 − 57 = ...
57 + 57 = ...
570 : 2 = ...
570 − 114 = ...

b) 63 · 8 = ...
63 · 3 = ...
63 · 5 = ...
63 · 6 = ...

630 − 126 = ...
126 + 63 = ...
630 : 2 = ...
315 + 63 = ...

6

7 · 17 = ...
7 · 34 = ...
7 · 51 = ...
7 · 68 = ...
7 · 85 = ...
7 · 99 = ...

3 · 502 = ...
3 · 520 = ...
3 · 250 = ...
3 · 205 = ...
3 · 25 = ...
3 · 52 = ...

7 Diese große Pyramide hat auf allen vier Seiten 91 Stufen und oben 1 Hauptstufe. Dies sind insgesamt .... Stufen. Was hat das mit dem Kalender zu tun?

Die Tempelpyramide in Chichen Itza, Mexiko

1 – 7 Malaufgaben mit dem Malkreuz und auf eigenen Wegen berechnen.

……. Division, auch mit Rest

1

Tragkraft
600 kg oder
8 Personen

Überlege: Wie viel kg wiegt eine Person durchschnittlich?

…………………………………………

2 Schöne Päckchen. Setze fort.

a)
801 : 9 = ……
702 : 9 = ……
603 : 9 = ……
504 : 9 = ……
…… : …… = ……
…… : …… = ……

b)
864 : 4 = ……
764 : 4 = ……
664 : 4 = ……
564 : 4 = ……
…… : …… = ……
…… : …… = ……

c)
98 : 7 = ……
196 : 7 = ……
294 : 7 = ……
392 : 7 = ……
…… : …… = ……
…… : …… = ……

d)
60 : 5 = ……
115 : 5 = ……
170 : 5 = ……
225 : 5 = ……
…… : …… = ……
…… : …… = ……

3 Schöne Päckchen mit Rest. Setze fort.

a)
23 : 2 = ……
68 : 3 = ……
135 : 4 = ……
224 : 5 = ……
…… : …… = ……
…… : …… = ……

b)
90 : 7 = ……
110 : 7 = ……
130 : 7 = ……
150 : 7 = ……
…… : …… = ……
…… : …… = ……

c)
321 : 5 = ……
432 : 5 = ……
543 : 5 = ……
654 : 5 = ……
…… : …… = ……
…… : …… = ……

d)
67 : 6 = ……
127 : 6 = ……
187 : 6 = ……
247 : 6 = ……
…… : …… = ……
…… : …… = ……

4 Rechne und vergleiche.

a)
10 : 5 = ……
20 : 5 = ……
30 : 5 = ……
40 : 5 = ……
50 : 5 = ……

100 : 5 = ……
200 : 5 = ……
300 : 5 = ……
400 : 5 = ……
500 : 5 = ……

b)
42 : 2 = ……
42 : 3 = ……
42 : 4 = ……
42 : 5 = ……
42 : 6 = ……

420 : 2 = ……
420 : 3 = ……
420 : 4 = ……
420 : 5 = ……
420 : 6 = ……

5 Vergleiche Start und Ziel. Was fällt dir auf? Begründe.

Start	· 10 →		+ 100 →		: 10 →	Ziel
11		110		210		21
12		……		……		……
13		……		……		……
14		……		……		……
21		……		……		……

Start	· 10 →		+ 300 →		: 10 →	Ziel
15		150		450		45
16		……		……		……
17		……		……		……
18		……		……		……
20		……		……		……

6 48 Bergwanderer wollen mit der Seilbahn ins Tal fahren.
In eine Gondel passen immer 20 Personen. ?

…………………………………………

…………………………………………

…………………………………………

50

1 – 4 Divisionsaufgaben mit und ohne Rest.
5 Start- und Zielzahlen vergleichen und evtl. Muster begründen (mündl).
6 Ergebnis bei Divisionsaufgabe mit Rest interpretieren.

1 Welche Aufgabe gehört zu welcher Rechnung? Verbinde und rechne aus.

In Klasse 3c gehen 24 Kinder. 4 Kinder sind heute krank.

24 : 4 = ...

24 Kinder sitzen im Schulbus. 4 Kinder steigen dazu.

24 + 4 = ...

24 Kinder wollen einen Ausflug machen. Jedes Kind bezahlt 4 Euro.

24 · 4 = ...

24 – 4 = ...

24 Kinder fahren Tretboot. Immer 4 Kinder passen in ein Boot.

24 Kinder sind auf dem Schulhof. Alle Kinder sind im 4. Schuljahr.

2 Welche Rechenzeichen passen: +, –, ·, : ?

a)	b)	c)	d)
200 ■ 10 = 20	250 ■ 50 = 200	90 ■ 9 = 10	240 ■ 4 = 236
200 ■ 10 = 2000	250 ■ 50 = 5	90 ■ 9 = 810	240 ■ 4 = 244
200 ■ 10 = 210	250 ■ 50 = 300	90 ■ 9 = 81	240 ■ 4 = 60
200 ■ 10 = 190	250 ■ 50 = 12 500	90 ■ 9 = 99	240 ■ 4 = 960

e)	f)	g)
1000 ■ 5 = 800 ■ 4	800 ■ 300 = 625 ■ 125	720 ■ 8 = 45 ■ 45
2 ■ 100 = 400 ■ 2	275 ■ 245 = 145 ■ 375	360 ■ 6 = 100 ■ 40
40 ■ 5 = 50 ■ 4	10 ■ 50 = 500 ■ 1	40 ■ 7 = 300 ■ 20
180 ■ 20 = 250 ■ 50	1000 ■ 2 = 500 ■ 1	50 ■ 6 = 100 ■ 3

3 Schöne Päckchen? Was fällt dir auf?

a)

297	348	398	450	501	552
+ 604	+ 553	+ 502	+ 451	+ 400	+ 349
....	....	....	....	....	....

b)

997	946	895	844	793	742
– 856	– 704	– 552	– 400	– 238	– 96
....	....	....	....	....	....

4 Hüpf im Päckchen! Rechne immer mit dem Ergebnis weiter.

a)	b)	c)	d)
8 · 40 = ...	185 + 185 = ...	439 – 60 = ...	160 · 2 = ...
245 + 115 = ...	560 : 8 = ...	389 – 90 = ...	8 · 20 = ...
360 : 2 = ...	280 · 2 = ...	429 – 40 = ...	320 : 40 = ...
320 – 75 = ...	70 + 290 = ...	379 + 50 = ...	160 + 180 = ...
180 + 220 = ...	370 – 90 = ...	299 + 150 = ...	340 : 2 = ...
Ziel 400	Ziel 360	Ziel 449	Ziel 170

1 Rechnung der passenden Aufgaben zuordnen und Ergebnisse interpretieren.
2 – 4 Übungen zu den Rechenoperationen.

1 Wie viel Euro?

.... Euro

.... Euro

.... Euro

.... Euro

.... Euro

.... Euro

2 Zahlen darstellen

fünfhunderteinundzwanzig

H	Z	E

....

einhundertzweiundfünfzig

H	Z	E

....

zweihunderteinundfünfzig

H	Z	E

....

zweihundertfünfzehn

H	Z	E

....

fünfhundertzwölf

H	Z	E

....

einhundertfünf

H	Z	E

....

3 Zahlen ordnen

78, 807, 87, 780, 808, 787, 878, 880, 708

78

4 Zahlen zerlegen

347 = 300 + 40 + 7

473 = ...

437 = ...

374 = ...

743 = ...

734 = ...

704 = ...

74 = ...

470 = ...

5 In Schritten vorwärts zählen

Einerschritte: 285, 286, 287, ..., ..., ..., ..., ..., ..., ...

Zehnerschritte: 285, 295, ..., ..., ..., ..., ..., ..., ..., ...

Hunderterschritte: 285, 385, ..., ..., ..., ..., ..., ..., ..., ...

Grundwissen am Ende des 3. Schuljahres.
Die Aufgaben sollten selbstständig gelöst werden (Lernstandskontrolle).

6 In Schritten rückwärts zählen

Einerschritte: 915, 914, 913, ..., ..., ..., ..., ..., ..., ...

Zehnerschritte: 915, 905, ..., ..., ..., ..., ..., ..., ..., ...

Hunderterschritte: 915, 815, ..., ..., ..., ..., ..., ..., ..., ...

7 Nachbarzahlen

449, 450, 451	........., 501, ...	........., 901, ...	........., 777, ...
........., 455, ...	........., 505, ...	........., 910, ...	........., 788, ...
........., 490, ...	........., 550, ...	........., 950, ...	........., 878, ...
........., 499, ...	........., 555, ...	........., 979, ...	........., 887, ...
........., 500, ...	........., 560, ...	........., 990, ...	........., 888, ...

8 Ergänzen bis 100 und bis 1000

90 + ... = 100	92 + ... = 100	97 + ... = 100	91 + ... = 100
390 + ... = 1000	392 + ... = 1000	497 + ... = 1000	791 + ... = 1000
50 + ... = 100	53 + ... = 100	58 + ... = 100	56 + ... = 100
650 + ... = 1000	653 + ... = 1000	858 + ... = 1000	656 + ... = 1000
76 + ... = 100	67 + ... = 100	83 + ... = 100	38 + ... = 100
776 + ... = 1000	667 + ... = 1000	383 + ... = 1000	838 + ... = 1000

9 Zahlen vergleichen: < oder >?

90 ☐ 95	963 ☐ 369	17 ☐ 170	787 ☐ 887	811 ☐ 191
900 ☐ 195	693 ☐ 639	171 ☐ 771	870 ☐ 87	123 ☐ 321
500 ☐ 950	393 ☐ 396	770 ☐ 777	877 ☐ 888	1089 ☐ 891

10 Einfache Plus- und Minusaufgaben

8 + 2 = ...	3 + 4 = ...	6 + 3 = ...	7 + 5 = ...
80 + 20 = ...	30 + 40 = ...	60 + 30 = ...	70 + 50 = ...
800 + 200 = ...	300 + 400 = ...	600 + 300 = ...	700 + 500 = ...
9 − 7 = ...	7 − 4 = ...	6 − 5 = ...	8 − 3 = ...
90 − 70 = ...	70 − 40 = ...	60 − 50 = ...	80 − 30 = ...
900 − 700 = ...	700 − 400 = ...	600 − 500 = ...	800 − 300 = ...
9 + 2 = ...	8 + 4 = ...	11 − 4 = ...	15 − 7 = ...
90 + 20 = ...	80 + 40 = ...	110 − 40 = ...	150 − 70 = ...
900 + 200 = ...	800 + 400 = ...	1100 − 400 = ...	1500 − 700 = ...

Grundwissen am Ende des 3. Schuljahres.
Die Aufgaben sollten selbstständig gelöst werden (Lernstandskontrolle).

1 Verdoppeln und halbieren im Hunderter

Zahl	35	45	49	47	27	18	26	34	43	29
das Doppelte										

Zahl	100	50	54	80	88	90	96	72	34	48
die Hälfte										

2 Verdoppeln und halbieren im Tausender

Zahl	100	250	500	420	480	310	350	390	270	470
das Doppelte										

Zahl	100	200	400	420	440	460	480	500	380	370
die Hälfte										

3 Immer 1000

1000	1000	1000	1000	1000
· 500	· 200	· 250	· 100	· 50
· 50	· 20	· 25	· 10	· 5
2 ·	5 ·	4 ·	10 ·	20 ·
20 ·	50 ·	40 ·	100 ·	200 ·
250 ·	100 ·	250 ·	500 ·	1000 ·
125 ·	10 ·	25 ·	50 ·	1 ·

4 Einmaleins auch umgekehrt

3 · 3 = ...	6 · 6 = ...	9 · 7 = ...	9 : 9 = ...	24 : 6 = ...
8 : 2 = ...	35 : 7 = ...	8 · 8 = ...	18 : 9 = ...	4 · 5 = ...
4 · 4 = ...	49 : 7 = ...	72 : 8 = ...	2 · 8 = ...	20 : 5 = ...
15 : 3 = ...	7 · 7 = ...	9 · 9 = ...	4 · 8 = ...	15 : 5 = ...
5 · 5 = ...	48 : 6 = ...	80 : 8 = ...	36 : 4 = ...	3 · 8 = ...
3 · 4 = ...	56 : 8 = ...	3 · 9 = ...	24 : 8 = ...	6 · 9 = ...
12 : 6 = ...	54 : 9 = ...	30 : 3 = ...	21 : 7 = ...	56 : 7 = ...
24 : 6 = ...	7 · 6 = ...	10 · 7 = ...	28 : 7 = ...	8 · 6 = ...
5 · 7 = ...	40 : 8 = ...	9 · 8 = ...	4 · 9 = ...	8 · 3 = ...
36 : 4 = ...	5 · 7 = ...	70 : 7 = ...	35 : 5 = ...	21 : 3 = ...

Grundwissen am Ende des 3. Schuljahres.
Die Aufgaben sollten selbstständig gelöst werden (Lernstandskontrolle).

5

8 · 2 = ...	5 · 3 = ...	12 : 2 = ...	24 : 4 = ...	10 : 10 = ...
8 · 20 = ...	5 · 30 = ...	120 : 2 = ...	240 : 4 = ...	100 : 10 = ...
8 · 200 = ...	5 · 300 = ...	1200 : 2 = ...	2400 : 4 = ...	1000 : 10 = ...

6

324 + 4 = ...	499 + 5 = ...	361 − 2 = ...	815 − 7 = ...
324 + 40 = ...	499 + 50 = ...	361 − 20 = ...	815 − 70 = ...
324 + 400 = ...	499 + 500 = ...	361 − 200 = ...	815 − 700 = ...

7 Ergänzen bis 1000

890 + ... = 1000	780 + ... = 1000	970 + ... = 1000	330 + ... = 1000
897 + ... = 1000	789 + ... = 1000	975 + ... = 1000	333 + ... = 1000
889 + ... = 1000	667 + ... = 1000	877 + ... = 1000	679 + ... = 1000
778 + ... = 1000	556 + ... = 1000	766 + ... = 1000	457 + ... = 1000

8 Einfache Plus- und Minusaufgaben

7 + 4 = ...	612 + 200 = ...	450 − 40 = ...	140 − 7 = ...
70 + 40 = ...	849 − 300 = ...	450 + 40 = ...	143 − 7 = ...
60 + 50 = ...	849 − 30 = ...	453 + 40 = ...	143 + 7 = ...
605 + 6 = ...	849 + 3 = ...	453 − 40 = ...	143 + 70 = ...
605 − 6 = ...	249 + 300 = ...	453 − 4 = ...	143 + 700 = ...
902 − 5 = ...	888 − 8 = ...	499 + 5 = ...	10 − 1 = ...
902 − 50 = ...	888 − 80 = ...	499 + 50 = ...	100 − 1 = ...
902 − 500 = ...	888 − 800 = ...	499 − 50 = ...	500 − 1 = ...
902 + 50 = ...	88 − 80 = ...	499 + 500 = ...	500 − 10 = ...
902 + 5 = ...	88 − 88 = ...	499 − 5 = ...	500 − 0 = ...

9 Mal 10

8 · 10 = ...	100 · 10 = ...	10 · 23 = ...	46 · 10 = ...	10 · 0 = ...
80 · 10 = ...	10 · 100 = ...	10 · 32 = ...	10 · 55 = ...	10 · 23 = ...
10 · 8 = ...	5 · 10 = ...	23 · 10 = ...	10 · 64 = ...	46 · 10 = ...
10 · 80 = ...	10 · 10 = ...	32 · 10 = ...	37 · 10 = ...	56 · 10 = ...
86 · 10 = ...	50 · 10 = ...	25 · 10 = ...	64 · 10 = ...	10 · 77 = ...

10 Zehnereinmaleins auch umgekehrt

3 · 9 = ...	5 · 6 = ...	28 : 4 = ...	7 · 8 = ...
3 · 90 = ...	5 · 60 = ...	280 : 4 = ...	80 · 7 = ...
30 · 9 = ...	50 · 6 = ...	70 · 4 = ...	560 : 7 = ...
270 : 9 = ...	300 : 5 = ...	40 · 6 = ...	560 : 70 = ...
270 : 90 = ...	300 : 60 = ...	240 : 4 = ...	560 : 8 = ...

Grundwissen am Ende des 3. Schuljahres.
Die Aufgaben sollten selbstständig gelöst werden (Lernstandskontrolle).

1 Addieren

a)	b)	c)	d)
6 + 3 = ...	5 + 8 = ...	350 + 350 = ...	146 + 100 = ...
60 + 30 = ...	50 + 80 = ...	345 + 345 = ...	146 + 99 = ...
600 + 300 = ...	500 + 200 = ...	355 + 355 = ...	146 + 120 = ...
660 + 330 = ...	530 + 280 = ...	365 + 345 = ...	146 + 199 = ...
662 + 335 = ...	534 + 282 = ...	375 + 335 = ...	146 + 197 = ...

2 Subtrahieren

a)	b)	c)	d)
682 − 400 = ...	739 − 200 = ...	830 − 100 = ...	965 − 300 = ...
282 − 50 = ...	539 − 40 = ...	830 − 90 = ...	965 − 250 = ...
232 − 6 = ...	499 − 8 = ...	830 − 85 = ...	965 − 255 = ...
682 − 456 = ...	739 − 248 = ...	830 − 95 = ...	965 − 256 = ...

3 Überschlag

a)	b)	c)
583 + 298 ≈	358 + 245 ≈	971 − 429 ≈ ....
Ü: 600 + 300 = ...	Ü: .... + ... = ...	Ü: .... − .... = ...
348 + 155 ≈	583 + 227 ≈	645 − 278 ≈ ....
Ü: .... + ... = ...	Ü: .... + ... = ...	Ü: .... − .... = ...
264 + 448 ≈	272 + 722 ≈	502 − 398 ≈ ....
Ü: .... + ... = ...	Ü: .... + ... = ...	Ü: .... − .... = ...
485 + 223 ≈	622 + 372 ≈	770 − 377 ≈ ....
Ü: .... + ... = ...	Ü: .... + ... = ...	Ü: .... − .... = ...

4 Schriftlich addieren

148	269	596	409	106	115	370
+ 185	+ 397	+ 403	+ 479	+ 338	+ 107	+ 185
....	....	....	....	....	....	....
744	229	397	219	287	168	256
+ 165	+ 579	+ 310	+ 387	+ 218	+ 236	+ 47
....	....	....	....	....	....	....

5 Schriftlich subtrahieren

900	895	890	885	880	875	870
− 402	− 407	− 412	− 417	− 422	− 427	− 432
....	....	....	....	....	....	....
709	718	727	736	755	764	773
− 301	− 310	− 309	− 318	− 327	− 336	− 335
....	....	....	....	....	....	....

Grundwissen am Ende des 3. Schuljahres.
Die Aufgaben sollten selbstständig gelöst werden (Lernstandskontrolle).

6 Fehlende Ziffern

a)

□□9	246	2□8	4□□
+45□	+□4□	+□2□	+534
963	8□8	404	1000

b)

8□7	782	□11	5□6
−□21	−3□□	−4□□	−□58
31□	387	402	24□

7 Rechnen mit dem Malkreuz

a) 6 · 17 = ... 7 · 16 = ...

b) 9 · 18 = ... 8 · 19 = ...

8 Reihen

a)

12er-Reihe auf	12								
8er-Reihe auf	8								
Summe									

b)

70er-Reihe auf	70								
20er-Reihe auf	20								
Unterschied									

9 Schöne Päckchen

a)

3 · 80 = ...	5 · 60 = ...	3 · 60 = ...	3 · 40 = ...	3 · 50 = ...
4 · 60 = ...	10 · 30 = ...	2 · 90 = ...	2 · 60 = ...	5 · 30 = ...
8 · 30 = ...	3 · 100 = ...	9 · 20 = ...	10 · 12 = ...	15 · 10 = ...
6 · 40 = ...	6 · 50 = ...	6 · 30 = ...	4 · 30 = ...	10 · 15 = ...
2 · 120 = ...	2 · 150 = ...	4 · 45 = ...	40 · 3 = ...	75 · 2 = ...

b)

80 : 9 = ...	728 : 90 = ...	800 : 90 = ...	808 : 90 = ...
70 : 9 = ...	637 : 90 = ...	700 : 90 = ...	707 : 90 = ...
60 : 9 = ...	546 : 90 = ...	600 : 90 = ...	606 : 90 = ...
50 : 9 = ...	455 : 90 = ...	500 : 90 = ...	505 : 90 = ...
40 : 9 = ...	364 : 90 = ...	400 : 90 = ...	404 : 90 = ...

10 Welche Rechenzeichen passen: [+], [−], [·], [:] ?

a)	b)	c)	d)
8 □ 4 = 32	50 □ 10 = 60	20 □ 5 = 25	80 □ 8 = 640
8 □ 4 = 12	50 □ 10 = 5	20 □ 5 = 100	80 □ 8 = 72
8 □ 4 = 4	50 □ 10 = 500	20 □ 5 = 4	80 □ 8 = 10
8 □ 4 = 2	50 □ 10 = 40	20 □ 5 = 15	80 □ 8 = 88

Grundwissen am Ende des 3. Schuljahres.
Die Aufgaben sollten selbstständig gelöst werden (Lernstandskontrolle).

1 Ergänze das Spiegelbild.

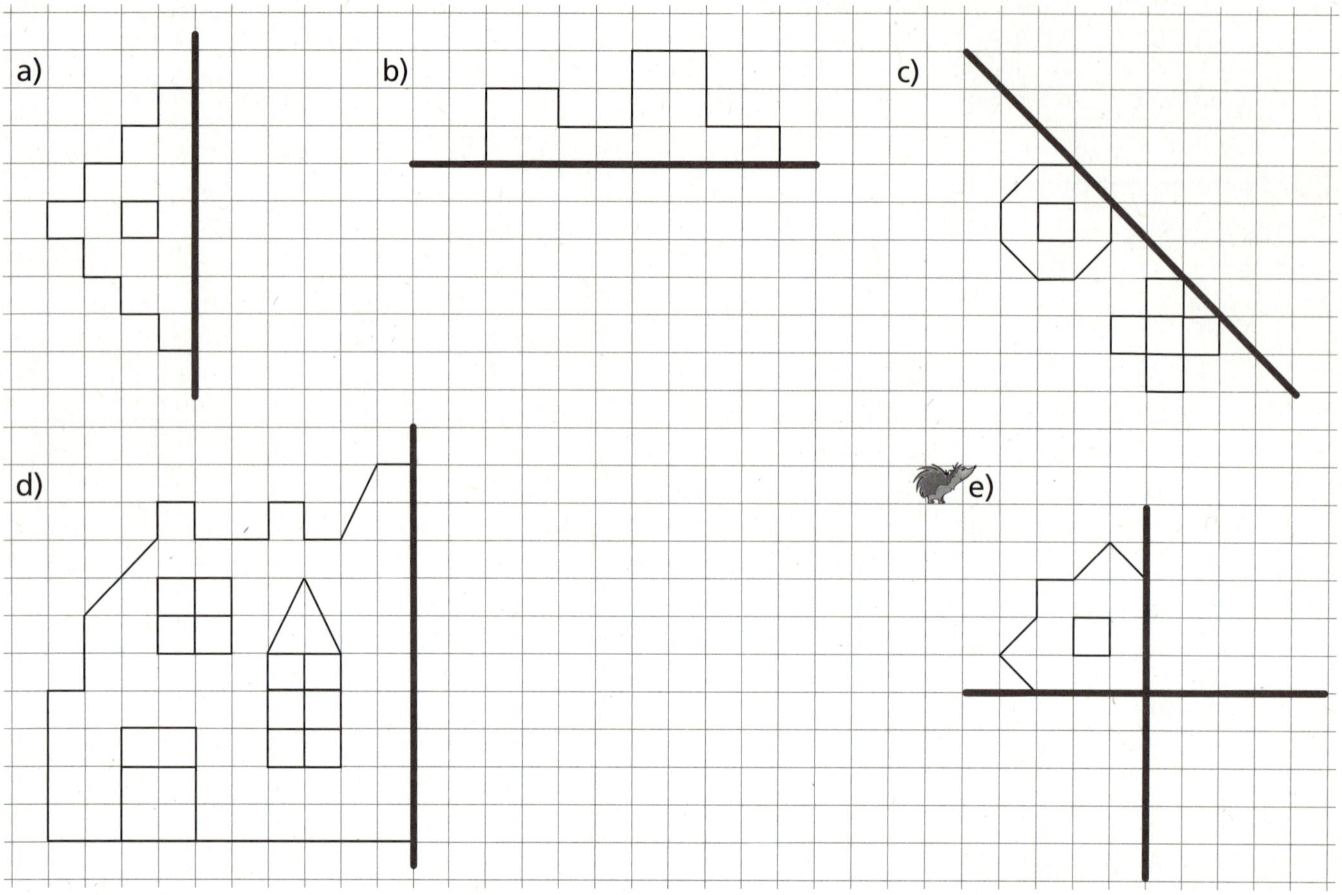

2 Wie heißen die Figuren? Zeichne mit dem Lineal die Symmetrieachsen ein.

a)

....

b)

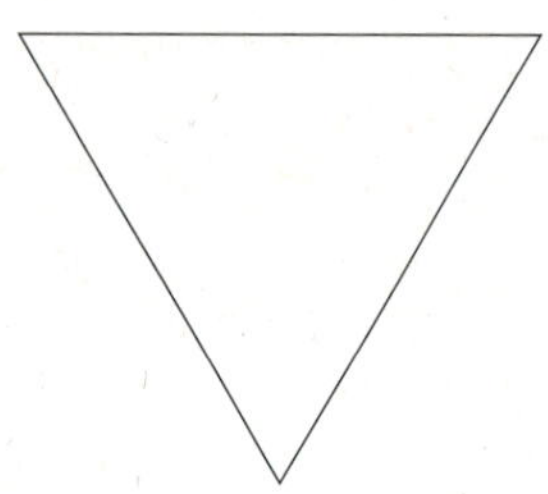

....

c)

....

d)

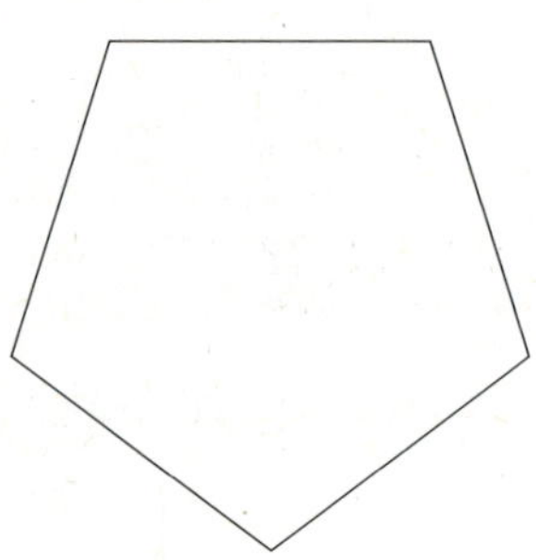

....

e)

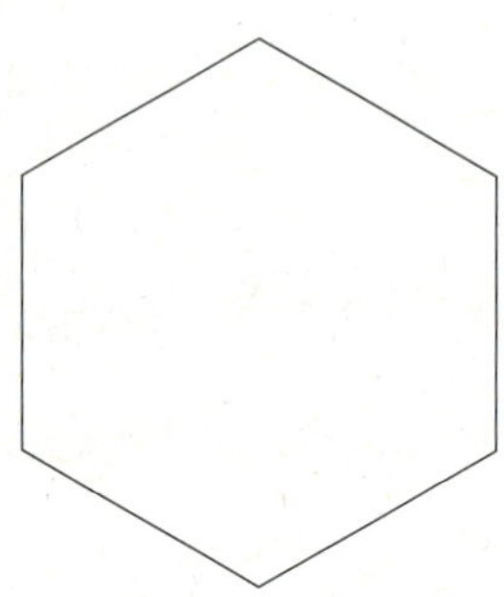

....

f)

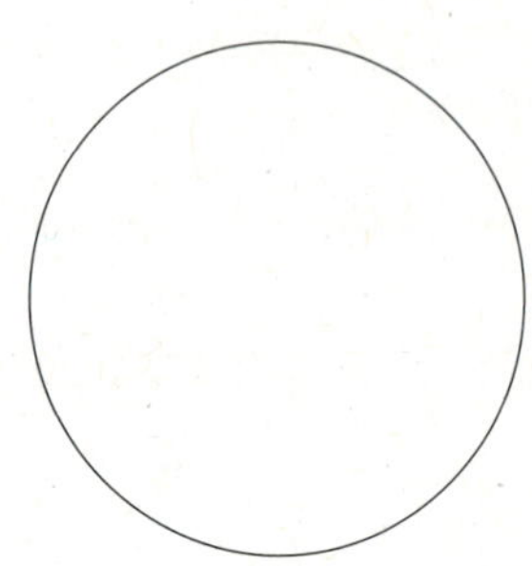

....

Grundwissen am Ende des 3. Schuljahres.
Die Aufgaben sollten selbstständig gelöst werden (Lernstandskontrolle).

3 Setze die Muster mit der Schablone fort.

a)

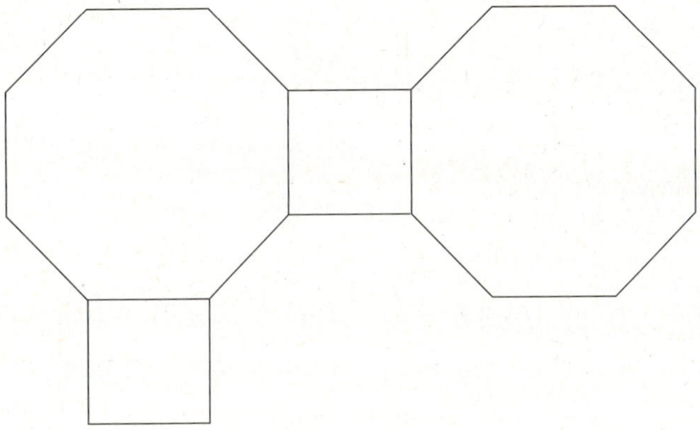

b)

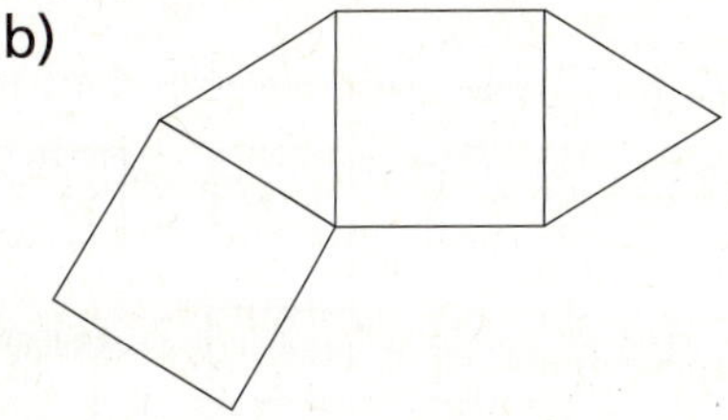

4 Zeichne mit dem Lineal Strecken, die 1 cm, 30 mm, 5 cm 7 mm und 10 cm lang sind.

5 Aus welchen Sechslingen kann man Würfel falten? Kreuze an.

a)

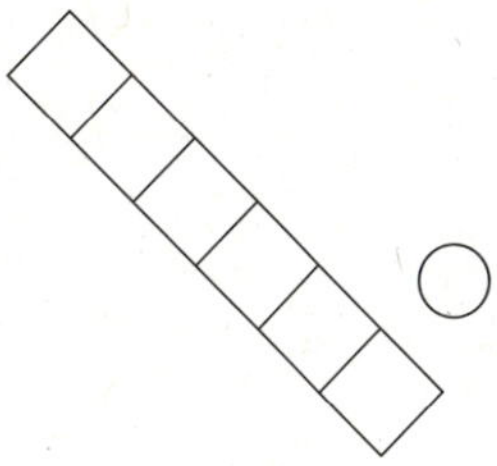

b)

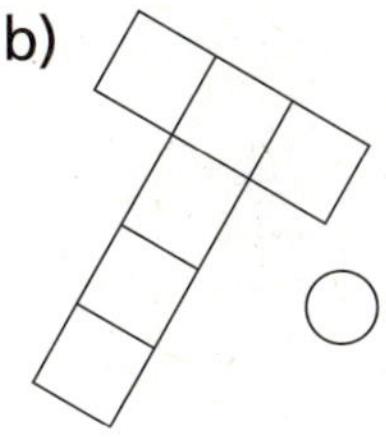

c)

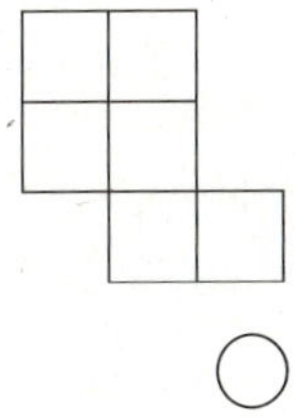

d)

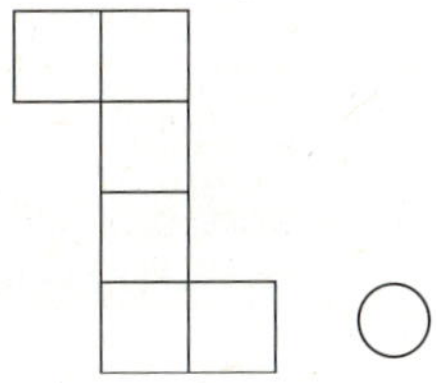

6 Aus welcher Himmelsrichtung siehst du die Seitenansichten?

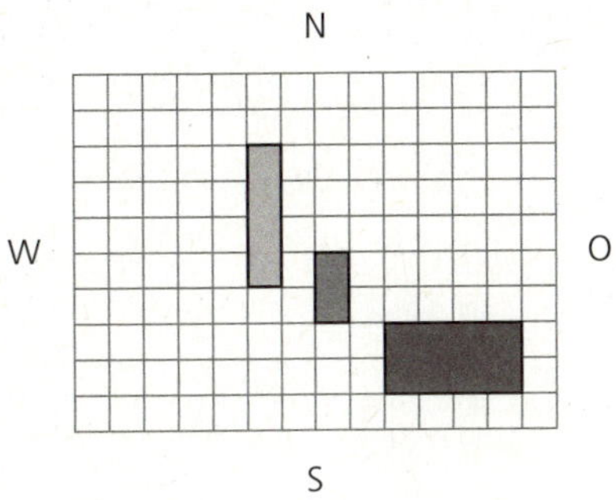

a)

....

b)

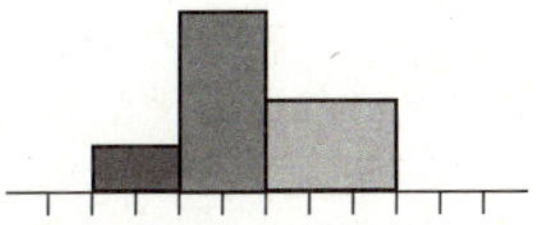

....

c)

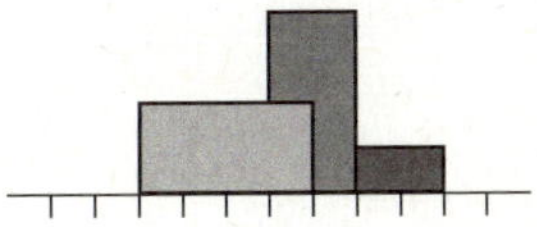

....

d)

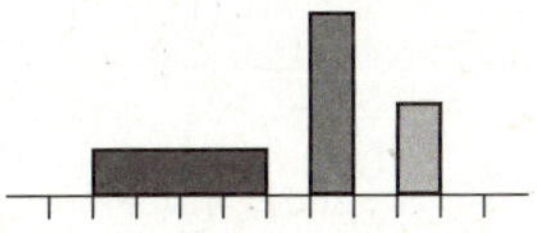

....

Geld

1 Welche Scheine und welche Münzen gibt es?

[500] [ ] [ ] [ ] ◯ ◯ ◯ ◯ ◯ ◯ ◯ ◯

[ ] [ ] [ ] Euro — Euro — Cent

2 a) 1 € = ... ct b) 0,10 € = ... ct c) 0,50 € = ... ct d) 0,48 € = ... ct

$\frac{1}{2}$ € = ... ct 0,01 € = ... ct 0,24 € = ... ct 0,94 € = ... ct

3 Wie viel Euro sind es?

10 €	1 €	10 ct	1 ct	
				.... €
				....
				....

4 a)

Brötchen	1	2	3	4
Preis	0,25 €			

b)

Pizza	1	2	3	4
Preis	3,10 €			

Gewichte

5 a) 1 kg = ... g b) 1 t = ... kg c) 1 kg = 10 · .... g d) 1 kg = 2 · .... g

$\frac{1}{2}$ kg = ... g $\frac{1}{2}$ t = ... kg 1 kg = 5 · .... g 1 kg = 4 · .... g

6 Wie schwer?

Apfel .... g

Brötchen .... g

Jogurt .... g

Butter .... g

7 Immer 1 kg

500 g + ... g 580 g + ... g

250 g + ... g 780 g + ... g

8 Immer 1 t

800 kg + ... kg 475 kg + ... kg

970 kg + ... kg 893 kg + ... kg

9 Ordne nach dem Gewicht.

[1 kg] [300 g] [570 g] [1 t]

[750 g] [1 kg 500 g] [75 kg]

300 g < ....

....

Grundwissen am Ende des 3. Schuljahres.
Die Aufgaben sollten selbstständig gelöst werden (Lernstandskontrolle).

Längen

1 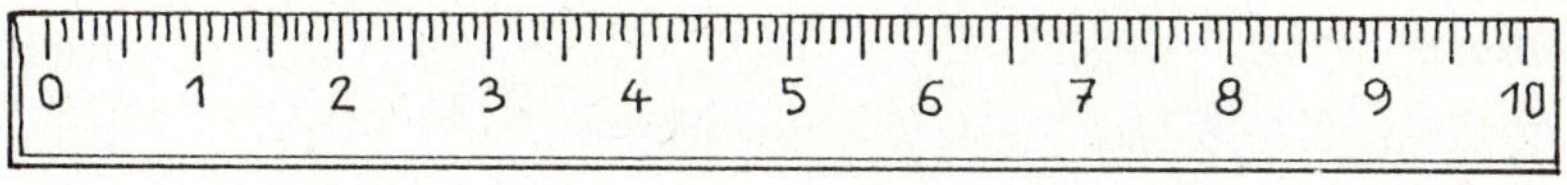

a) 1 cm = ... mm
$\frac{1}{2}$ cm = ... mm

b) 1 km = ... m
$\frac{1}{2}$ km = ... m

c) 1 m = ... cm
$\frac{1}{2}$ m = ... cm

d) 0,10 m = ... cm
0,98 m = ... cm

2 Immer 1 km

a) 500 m + ... m
250 m + ... m

b) 470 m + ... m
215 m + ... m

c) 435 m + ... m
207 m + ... m

d) 333 m + ... m
194 m + ... m

3 Immer 1 m

a) 80 cm + ... cm
40 cm + ... cm

b) 83 cm + ... cm
42 cm + ... cm

c) 63 cm + ... cm
52 cm + ... cm

d) 67 cm + ... cm
31 cm + ... cm

4 Wandle um.

a) 6,25 m = ... m .... cm
3,50 m = ... m .... cm

b) 8,25 m = ... m .... cm
3,75 m = ... m .... cm

c) 9,17 m = ... m .... cm
2,02 m = ... m .... cm

5 Ordne nach der Länge.

| 7 km | 50 m | 600 m | 1 km 225 m | 125 m | 750 m |

50 m < ....

6 Wie lang ungefähr sind diese Gegenstände?

Nagel: .... Schraube: .... Nadel: .... Bohrer: ....

7 Zeichne ohne Lineal Strecken von ungefähr 1 cm, 2 cm, 3 cm und 5 cm.

8 Miss die Körperlänge der Insekten (ohne Fühler und Beine) in Millimeter und zeichne sie als Strecke.

Bienenkönigin
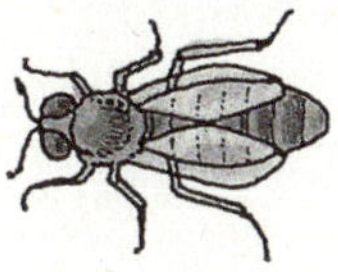
20 mm

Kartoffelkäfer
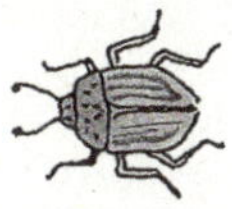
....

Grünes Heupferd
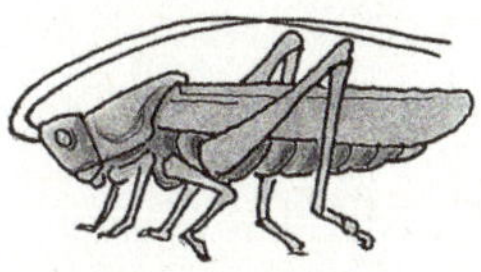
....

Feuerwanze

....

Gold-Rosenkäfer
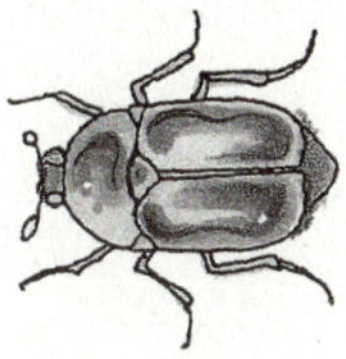
....

Grundwissen am Ende des 3. Schuljahres.
Die Aufgaben sollten selbstständig gelöst werden (Lernstandskontrolle).

Grundwissen über Größen

Zeit

1 a) 1 Jahr = ... Monate
1 Jahr = ... Tage

b) 1 Woche = ... Tage
1 Tag = ... Stunden

c) 1 h = ... min
$\frac{1}{2}$ h = ... min

d) 1 min = ... s
$\frac{1}{2}$ min = ... s

2 Verwandle in h und min.

5 h = ... min | 60 min = ... h | 150 min = ... h ...... min | 70 min = ... h ...... min
10 h = ... min | 120 min = ... h | 125 min = ... h ...... min | 105 min = ... h ...... min

3 Immer 1 Stunde

15 min + ... min | 25 min + ... min | 3 min + ... min | 30 min + ... min
17 min + ... min | 47 min + ... min | 53 min + ... min | 59 min + ... min

4 Ordne nach der Zeitdauer.

45 min | 4 h 5 min | 15 min | 1 h 15 min | 120 min

15 min < ....

5 Berechne die Zeitdauer.

a) Von 7.32 Uhr bis 10.05 Uhr ....

b) Von 9.15 Uhr bis 18.35 Uhr ....

c) Von 10.45 Uhr bis 17.08 Uhr ....

6 Verwandle.

a) 2 Jahre = ... Monate
3 Jahre = ... Monate

b) 4 Wochen = ... Tage
7 Wochen = ... Tage

c) 3 Monate ≈ .... Tage
6 Monate ≈ .... Tage

7 Wie viele Sekunden?

3 min = ... s | 2 min = ... s
8 min = ... s | 5 min = ... s

8 Immer 1 Minute

58 s + ... s | 20 s + ... s
50 s + ... s | 45 s + ... s

9 Ordne die Zeiten von 50-m-Läufern nach Schnelligkeit.

9,4 s | 10,9 s | 8,7 s | 8,8 s | 9,1 s

8,7 s < ....

Grundwissen am Ende des 3. Schuljahres.
Die Aufgaben sollten selbstständig gelöst werden (Lernstandskontrolle).

1 Uta kauft 4 Hörnchen zu je 0,40 Euro, 5 Brötchen zu je 0,20 Euro, und ein Brot zu 1,80 Euro. Wie viel muss sie bezahlen?

2 Anne fährt mit ihrer Mutter im Zug. Erwachsene zahlen 25 Euro, Kinder die Hälfte. Berechne den Fahrpreis.

3 Die Schule beginnt um 7.50 Uhr. Jonas braucht für den Schulweg 25 Minuten. [?]

4 Der Bus fährt um 15.30 Uhr ab und ist um 16.05 Uhr in der Stadt. [?]

5 Ein Kinderzimmer ist 4 m lang und 3 m breit. Wie viele Meterquadrate passen hinein?

6 Tanja parkt von 10.15 Uhr bis 11.35 Uhr. Jede angefangene Stunde kostet 2 Euro. [?]

7 Von Frankfurt bis Stuttgart sind es 183 km. Von Stuttgart nach München sind es 218 km. Frau Becker will von Frankfurt nach München fahren und auf halber Strecke eine Rast einlegen. [?]

8 Toni kauft 1 kg Bananen für 2,98 Euro, 2 Schalen Erdbeeren zu je 2,15 Euro und 2 kg Kartoffeln zu je 0,85 Euro.

a) Reichen 10 Euro? Überschlage.

b) Wie viel Geld bekommt er zurück, wenn er mit einem 10-Euro-Schein bezahlt? 

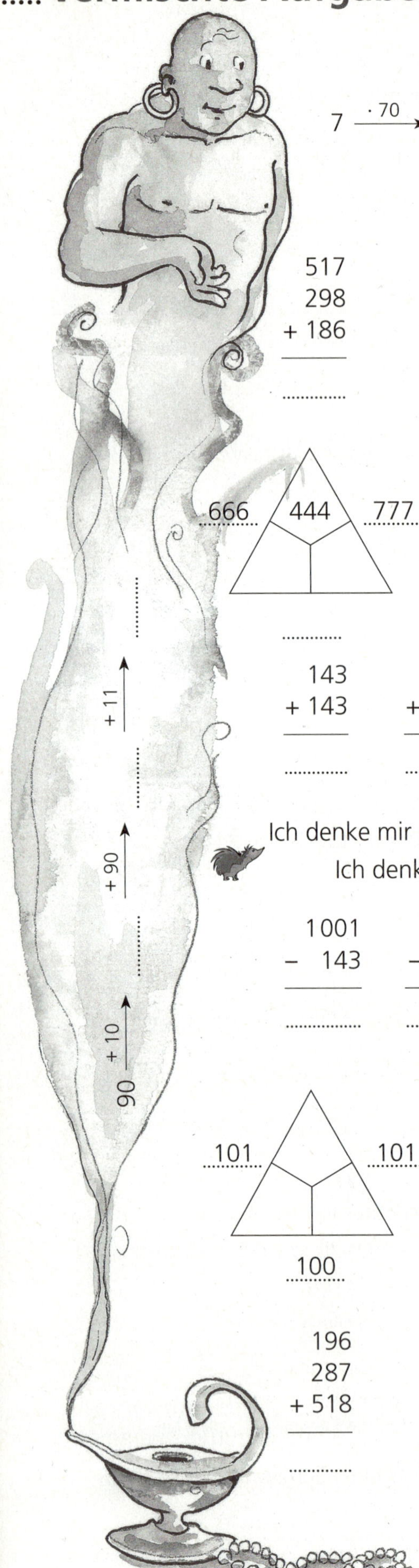

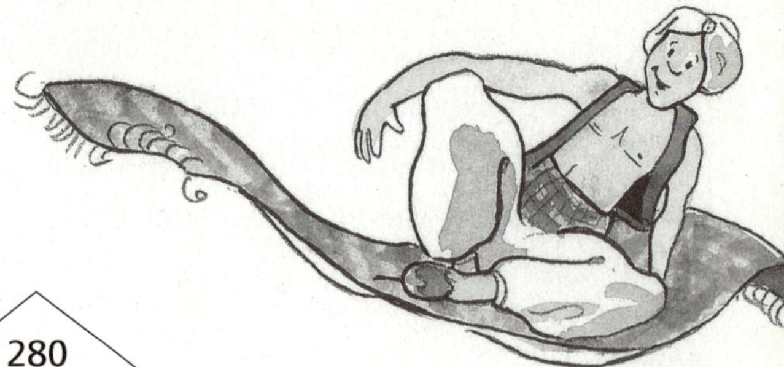

7 —·70→ ……… —+9→ ………

180
2 ·
3 ·
60 ·
90 ·

280
4 ·

517
298
+ 186
―――
………

297
188
+ 516
―――
………

666 ……… 444 ……… 777 ……… (Zahlendreieck)

			1001				
		501					
200				101			

……… 404, 101, 303 (Zahlendreieck)

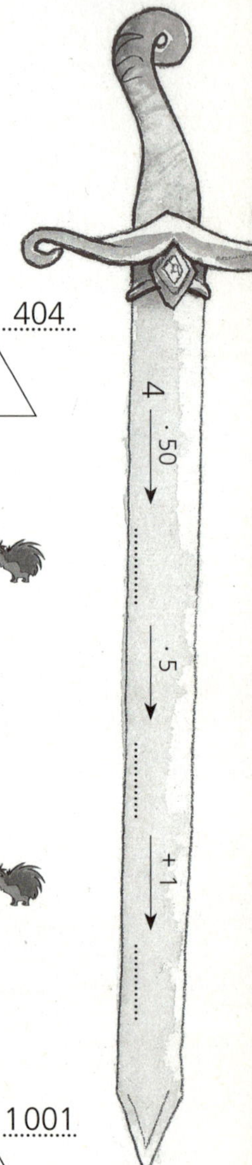

143	286	429	572	715	858
+ 143	+ 143	+ 143	+ 143	+ 143	+ 143
………	………	………	………	………	………

Ich denke mir eine Zahl, verdopple sie, addiere 1 und erhalte 1001.
Ich denke mir eine Zahl, halbiere sie und erhalte 1001.

1001	858	715	572	429	286
− 143	− 143	− 143	− 143	− 143	− 143
………	………	………	………	………	………

101, 101, 100 (Zahlendreieck)

			300			
1						100

1001, 1001, 1000 (Zahlendreieck)

196
287
+ 518
―――
………

Berechne die Quadratzahlen
so weit du kannst.
Färbe sie in deinem
Tausenderbuch.
(1 · 1, 2 · 2, 3 · 3, …)

111
598
+ 286
―――
………

5 —·30→ ……… —·2→ ………

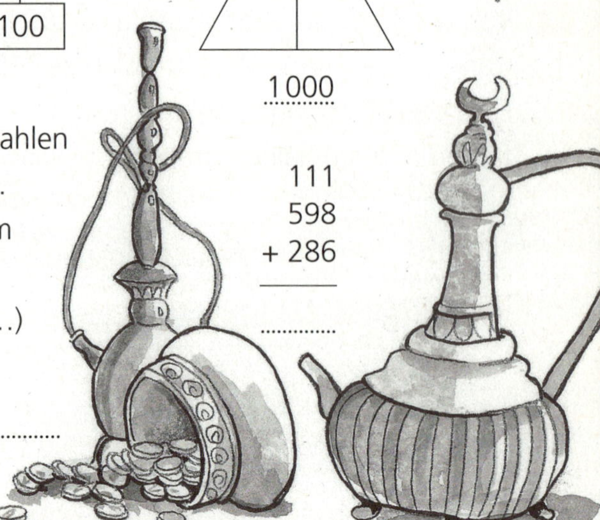